10분 장보기로 요일별 밥상차리기

유지선 지음

 *speed cook!*

예신 BOOKS

머리말

우리가 매일 접하는 음식에 대해 한번쯤 진지하게 생각해 본 적이 있나요? 예쁜 접시에 담긴 음식은 단지 요리가 아니라 여러 가지 재료들이 조화롭게 어울려 우리의 눈과 입을 즐겁게 해 주는 예술 작품입니다.

예전과 다르게 요즘은 핵가족화 되어가고, 맞벌이를 하는 부부의 모습이 낯설지 않으며, 빠듯한 시간 속에서도 자신을 위한 투자에 아낌이 없는 야무진 주부들을 볼 수 있습니다.

우리의 식문화도 느린 것보다는 빠른 쪽으로, 대충보다는 알찬 쪽으로 바쁜 생활 속에서도 먹는 것을 즐기려는 성향으로 바뀌고 있습니다. 주방은 주부들만의 공간이 아니라 가족 모두의 장소가 되어가고 있습니다.

이렇듯 변화된 생활 속에서 아침 · 점심 · 저녁 식사 시간은 잠시 숨 돌릴 여유를 주는 소중한 시간임에도 불구하고, 우리는 그 시간으로 인해 '또 뭘 먹지? 뭘 해 먹지?' 하는 고민 아닌 고민에 여전히 매일 부딪칩니다.

이러한 여러 가지 상황에 대해 주부와 가족의 입장에서 많은 생각을 해 보았습니다. 주방이 주부만의 공간이 아니라 가족 모두의 공간이라면 간단한 재료로 쉽게 누구라도 요리를 할 수 있는 방법은 없을까? 요리를 힘겨워하지 않고 재미있게 할 수 있는 방법은 없을까? 아침 · 점심 · 저녁 식사뿐만 아니라 아이들의 간식이나 간단한 술안주를 마련할 때, 갑작스런 손님의 방문에도 당황하지 않고 손쉬운 재료로 일품요리를 만들 수는 없을까?

살아가는 데 있어서 먹는 것은 빼 놓을 수 없는 즐거움 중 하나이고, 가까이에서 찾을 수 있는 행복입니다. 하루가 즐거우면 일주일이 즐겁고, 일주일이 즐거우면 한달이 즐거워지며, 그러다보면 우리의 일생이 즐거워집니다. 요리는 힘겨운 것이 아니고 즐거운 것입니다.

이러한 연구에 대한 결실로 이 책이 만들어졌습니다. 저의 작은 노고로 요리를 즐겁게 할 수 있는 행복을 느끼시길 바랍니다.

끝으로 이 책이 나오기까지 아낌없는 도움을 주신 도서출판 예신의 모든 분께 진심으로 감사 드립니다.

유지선 (simbo69@lycos.co.kr)

• 3

MONDAY

TUESDAY

WEDNESDAY

THURSDAY

FRIDAY

SATURDAY

준비해 두면 요긴한 재료들

참치 통조림

통조림 참치는 참치의 종류 중 가다랑어, 황다랑어, 날개다랑어육을 사용, 이를 가공하여 진공 상태에서 가열 살균해서 영양분의 손실을 줄이고 섭취하기 좋은 상태로 만들어진 식품이다. 일단 개봉한 후에는 바로 사용하는 것이 좋고, 부득이한 경우에는 한번 가열한 후 밀폐용기에 옮겨 담은 후 보관하는 것이 좋다. 참치캔 속의 기름기는 식물성 유지에 질소가 함유된 것으로 먹어도 무방하다.

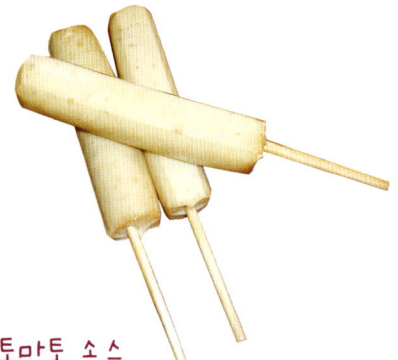

어 묵

생선살에 소금을 넣고 다진 다음, 설탕과 녹말 등의 조미료를 넣어 반죽하여 만든 후 찌거나 구워서 단백질을 가열·응고시킨 식품이다. 탄력이 센 것이 좋은 제품으로, 씹히는 느낌이 좋다. 소화가 잘 되고 단백질 함량이 높으나 쉽게 상하므로 반드시 냉장 보관하고, 표시되어 있는 유통기일을 꼭 확인하여 구입하도록 한다.

토마토 소스

미트 소스와 야채 소스 등 거의 완제품에 가깝게 만들어진 식품이다. 여기에 생토마토나 셀러리를 잘게 다져 볶아 넣으면 더욱 근사한 스파게티를 만들 수 있다.

칠리 소스

멕시코 고추인 칠리를 사용하여 만든 매운맛이 나는 소스로, 음식에 자극적인 맛을 더해 준다. 매콤하면서도 달짝지근한 맛이 나서 아이들이 좋아하는 것과 단맛은 없고 매운맛이 강하여 매운 양념을 만들 때 사용하면 좋은 2가지 종류가 있으므로 기호대로 골라서 사용한다.

파르메산 치즈

수분 함량이 매우 적은 천연 치즈로, 원산지인 이탈리아 북부 파르마의 이름을 따서 지었다. 조직이 매우 단단하므로 보통 분말 치즈로 만들어 사용한다. 향기가 짙고 저장성이 높으며 스파게티, 피자, 파스타 등 다양한 이탈리아 요리에 많이 사용된다.

굴소스

발효시킨 굴에 갖은 양념과 향신료를 넣어 만든 것으로, 모든 중화요리에 조미료처럼 사용되는 소스이다. 독특한 향이 있으며, 한식에서도 간장 대용으로 사용하면 색다른 맛을 느낄 수 있다. 주로 볶음요리에 많이 사용되며 요리를 감칠맛 나게 해 준다.

우스터 소스

야채에 향신료를 넣고 삶은 국물에 소금, 설탕, 빙초산, 기타 조미료를 첨가한 소스로 1850년경부터 영국의 우스터 시에서 판매되었기 때문에 우스터 소스라 불리게 되었다. 서양 요리에서 간장과 같이 사용되며, 시고 짠맛이 나는 소스로 여러 요리에 다양하게 사용된다.

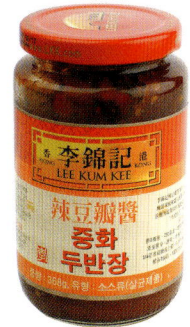

중화 두반장

콩과 잘게 썬 고추를 섞어서 만든 두반장은 톡 쏘면서도 향긋한 맛이 우리 입맛에도 잘 맞는다. 육류나 해물류의 볶음요리나 찌개 양념 등 고추 양념이 들어가는 요리에 사용된다.

베이컨과 햄

베이컨은 돼지고기의 옆구리살을 사용하여 살코기를 소금에 절인 후 염분을 다시 빼내어 훈연시킨 식품이고, 햄은 돼지고기의 넓적다리살을 사용하여 살코기를 소금에 절여 벚나무나 참나무를 사용하여 훈연시킨 후 다시 가열시킨 식품이다. 훈연에 의하여 독특한 풍미가 있는 식품들로 다양한 종류의 제품들이 있다. 구입할 때는 유통기일을 반드시 확인하도록 한다.

게맛살

다진 생선살에 게의 엑기스와 향을 첨가하여 게살로 성형하여 만든 어묵의 한 종류이다. 주로 명태살이 많이 사용된다. 요즘은 타우린, 칼슘, DHA, 올리고당 등 다양한 성분이 추가되어 만들어지고 있다.

요 리 가 즐거워지고 맛 있어지려면 …

1. 설거지는 밀리지 않도록 그때그때 바로 한다.

즐거운 식사 시간 후 기분 좋은 포만감에 뒷전으로 미루게 되는 설거지…. 하기 싫다고 미루지 말고 기지개 한번 켜고 후다닥 해 버리자. 설거지를 할 때 기름기가 너무 많은 프라이팬이나 냄비는 종이타월로 미리 닦아내거나 물을 넣어 끓여낸 후 세제를 사용하면 한결 편하고 말끔하게 닦아낼 수 있다.

2. 기본 식재료들은 떨어뜨리지 말자.

오늘은 뭘 해 먹지? 하고 냉장고 문을 열었을 때 달걀 하나도 없을 경우가 있다. 식사 시간은 다 되어가고 얼른 장을 보러 나가자니 하기 싫은 생각만 든다. 이런 일이 생기지 않도록 기본적인 재료는 항상 준비해 둔다. 예를 들어, 기본 양념인 소금, 설탕, 참기름, 고춧가루, 고추장 등과 감자, 양파, 당근, 파, 고추와 같이 많이 쓰이는 야채류를 미리 준비해 두면 여기에 몇 가지 재료들만 장을 봐서 간단하면서도 푸짐한 한끼 식사를 준비할 수 있다. 장보기를 할 때 자꾸 잊는 것은 메모를 해서 냉장고 앞에 붙여 두는 것도 좋은 방법이다.

3. 쉽게 요리할 수 있게 하자.

국이나 찌개에 많이 사용되는 육수는 미리 준비해 둔다. 많이 쓰이는 다시물 같은 경우는 다시마를 적당한 크기로 자른 후 마른 행주로 살살 닦아서 겉부분의 잡티를 없애주고, 입부분이 넓은 플라스틱 물병이나 따라서 쓰기 편한 밀폐용기에 담은 후 물을 넣어 냉장고 안에 두면 저절로 우러난다. 다시물은 용도가 다양해서 어느 요리에나 부담없이 사용할 수 있다.

4. 일주일에 한번쯤은 특별한 요리를 한다.

요즘은 외식 문화가 많이 발달되어 있어, 음식점에서 즐기는 분위기와 맛에 많이 익숙해져 있다. 그렇다면 일주일에 한번쯤은 음식점 분위기를 내 보자. 눈으로만 익히고 만들기엔 머뭇거려지던 요리에 도전을 해 보자. 조금은 부족하더라도 식구들은 환호성을 지르며 좋아할 것이다. 그러다 보면 어느새 음식 솜씨는 최고 요리사에 버금가게 변해 있을 것이다.

5. 메모하는 습관을 들이자.

요리를 하다보면 어느날은 굉장히 맛이 있고 어느날은 그렇지 않았던 경우를 경험해 보았을 것이다. 이유가 뭐까? 요리책을 보고 만들었다면 책에 적혀 있는 양념의 양 이라던가 센불에서 끓였는지 약불에서 끓였는지 하는 것에 대해 간단히 메모를 해 둔다. 그리고 다시 요리를 할 때에는 잘 되었던 쪽을 선택하여 요리를 하게 되면 실패율도 줄어들고, 다른 요리를 할 경우에도 많은 도움이 된다.

6. 볶음요리, 찌개류, 조림요리를 맛깔나게 해 보자.

볶음요리를 할 때에는 재빨리 볶아주는 것이 중요하다. 그러기 위해서는 바닥이 넓은 프라이팬을 선택해야 재료에 열이 골고루 가게 되어 영양 손실도 줄이고 맛도 좋다. 찌개는 국물의 양이 중요한데 약간 적게 잡는 것이 좋다. 간을 약간 심심하게 한 후 맛이 덜 우러난 듯 싶을 때 불에서 내렸다가, 상에 내기 직전에 부족한 간을 하고 완전히 끓여내는 것이 맛있다. 조림요리는 국물을 자꾸 끼얹어 주어야 윤기가 난다. 불은 처음에는 센불에서 끓이다가 어느 정도 재료가 익으면 약불로 줄여 간이 속까지 배어들도록 한 후 마무리는 센불에서 해 주면 간이 속까지 쏙드는 윤기나는 조림이 된다.

speed
cook

활기차게 시작하자 괜시리 바쁜 월요일

아침에는 구수한 **참치 애호박죽**과 부드러운 **연두부 달걀찜**에 향긋한 **버섯 소스**

점심에는 깔끔한 **콩나물 잡채**와 짭짤한 **햄우엉 볶음**

저녁에는 매콤한 **삼겹살 철판 볶음**과 입안에서 톡톡 터지는 **미더덕 콩나물찜**

술안주에는 시원한 생맥주와 잘 어울리는 **베이컨 단호박 말이**

아이들 간식에는 담백하고 영양 많은 **참치전**

손님과 함께 할 때는 초간단 **야채 오징어 구이**와 어울리는 **매콤 소스**

참치 애호박죽

■ **재 료** (2인분)

주재료 : 통조림 참치 200g
부재료 : 건 표고버섯 2장, 호박 1/3개, 실파 2뿌리, 김 1장, 불린 찹쌀 1컵, 다시물 5컵, 설탕 · 소금 · 참기름 · 깨소금 약간씩

● **만드는 법**

01 참치는 체에 밭쳐 기름기를 뺀다.

Note : 참치를 체에 밭친 채로 뜨거운 물을 뿌려 주면 기름기가 쉽게 제거된다.

02 건 표고버섯은 미지근한 물에 설탕을 약간 넣고 불린 다음, 기둥은 떼어내고 얇게 포를 떠서 가늘게 채썬다.

Note : 건 표고버섯은 물에 설탕을 넣고 불리면 향이 더욱 살아난다.

03 호박은 동글게 썬 후 가늘게 채썬다.

04 김은 약한 불에 살짝 구워 비닐봉지에 넣어 잘게 부수고, 실파는 송송 썰어 놓는다.

05 냄비에 참기름을 두르고 물기를 뺀 불린 찹쌀을 넣고 달달 볶다가 분량의 다시물을 넣고 끓인다.

Note : 미리 다시마를 찬물에 담가 냉장고에 넣어 두었다가 육수로 사용하면 편리하다.

06 찹쌀이 퍼지면서 부드럽게 끓으면 채썬 표고버섯과 참치, 호박 순으로 넣고 뜸을 들인 후 소금으로 간을 한다.

Note : 소금간은 마지막에 해야 더욱 맛있는 죽이 된다.

07 그릇에 죽을 옮겨 담은 후 준비한 실파, 김, 깨소금을 솔솔 뿌려 낸다.

• 13

1

3

5

6

7

연두부 달걀찜과 버섯소스

■ **재 료** (2인분)

주재료 : 달걀 3개, 연두부 1/2모

부재료 : 다시물 1컵, 우유 1/2컵, 소금 1 작은술, 식용유 · 실고추 약간씩

버섯 소스 : 건 표고버섯 2개, 다시물 1/2 컵, 간장 1/2큰술, 녹말 1큰술, 맛술 1큰술

표고버섯 밑간 : 간장 1/2작은술, 설탕 1/2작은술, 참기름 약간

● 만드는 법

01 달걀은 볼에 깨트려 넣은 후 소금으로 간을 하여 잘 섞어 준다.

02 잘 풀어준 달걀물에 분량의 다시물과 우유를 넣고 다시 한번 잘 섞어 준다.

03 건 표고버섯은 따뜻한 물에 설탕을 약간 넣고 불린 후 얇 게 포를 떠서 가늘게 채썬 후 분량대로 밑간을 한다.

04 녹말은 같은 양의 물을 넣고 잘 섞어 물녹말을 만든다.

05 프라이팬을 달군 후 식용유를 약간만 두르고 준비한 표고 버섯을 살짝 볶다가 분량의 다시물과 간장을 넣고 한소끔 끓인다.

06 한소끔 끓으면 맛술을 넣고 물녹말을 넣어 농도를 조절하 여 소스를 준비한다.

07 찜그릇에 연두부를 담고 달걀물을 부은 후 중탕하여 약불 로 15~20분 정도 찐다.

Note : 찜그릇의 뚜껑을 덮고 중탕하면 표면이 매끄러운 달걀찜이 된다.

08 달걀찜이 완성되면 버섯 소스를 윤기나게 끼얹어 실고추 를 올린 후 상에 낸다.

• 15

2

3

5

7

8

콩나물 잡채

■ **재 료** (2인분)

주재료 : 콩나물 200g, 오이 1/2개, 어묵 50g, 감자 1/2개, 당근 1/4개

부재료 : 소금 · 후춧가루 · 참기름 약간씩, 식용유 적당량

● **만드는 법**

01 콩나물은 꼬리를 떼어 다듬은 후 끓는 물에 소금을 약간 넣고 2~3분 정도 아삭할 정도로만 데쳐낸 후 식힌다.

Note : 푹 익히면 콩나물의 아삭하게 씹히는 맛이 덜하다.

02 오이는 5cm 정도의 길이로 자른 후 껍질 부분만 얇게 잘라내어 가늘게 채썬다.

03 감자는 껍질을 벗긴 후 얇게 썰어 가늘게 채썰고, 당근도 감자와 같은 크기로 채썬다.

04 채썬 오이, 감자, 당근에 각각 소금을 뿌려 살짝 절인 후 찬물에 헹궈 물기를 빼 놓는다.

Note : 소금에 살짝 절여 사용하면 간도 잘 배고 볶을 때 물이 생기지 않는다.

05 어묵은 5cm 정도의 길이로 잘라 가늘게 채썰어 체에 밭여 끓는 물을 끼얹어 기름기를 뺀 후 식힌다.

06 프라이팬을 달궈 식용유를 두른 후 채썬 감자와 당근을 볶다가 오이와 어묵을 마저 넣어 볶고 마지막에 콩나물을 넣고 살짝 더 볶은 다음 소금, 후춧가루로 간을 맞추고 참기름을 두른 후 접시에 담아 낸다.

• 17

2

6

5

4

햄우엉 볶음

■ **재 료** (2인분)
주재료 : 햄 100g, 우엉 100g
부재료 : 식초 1큰술, 실파 2뿌리, 실고추
약간, 식용유 적당량, 참기름 · 통깨 · 후춧
가루 약간씩
우엉 조림장 : 물 1/2컵, 간장 2큰술, 청주
(맛술) 1큰술, 설탕 1큰술, 물엿 1큰술

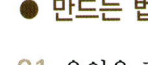

● **만드는 법**

01 우엉은 칼등으로 벗겨 납작하게 썬 후 약간 굵게 채썰어
끓는 물에 식초를 넣고 데쳐 찬물에 헹군 후 물기를 뺀다.
Note : 식초를 넣고 삶으면 우엉을 더욱 깨끗하게 데칠 수 있다.

02 햄은 우엉과 비슷한 크기로 잘라 끓는 물을 끼얹어 기름
기를 뺀다.
Note : 동그란 햄은 반을 갈라서 넣어 준다.

03 실파는 2cm 정도의 길이로 썰고, 실고추는 2cm 정도의
길이로 짧게 끊어 놓는다.

04 달군 프라이팬에 식용유를 두르고 데친 우엉을 넣고 볶다
가 분량대로 준비한 양념장을 넣고 중불에서 조린다.
Note : 자주 뒤적여 주어야 더욱 윤기있는 조림이 된다.

05 양념장이 바닥에 약간 남아 있고 우엉이 윤기나게 조려지
면 준비한 햄을 넣고 양념장이 거의 없어지도록 조린다.

06 모든 재료에 간이 잘 배면 실고추와 실파를 넣고 잘 섞은
후 통깨와 참기름, 후춧가루로 마무리하여 담아 낸다.

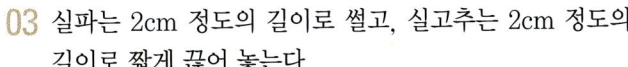

• **19**

🫑 쿠킹 포인트 **[청주와 맛술]**

청주와 맛술은 요리시 음식의 잡냄새를 제거해 주며, 음식에 윤기를 더해 주는
역할을 한다. 맛술은 알코올에 진찹쌀과 쌀누룩을 섞어 발효시켜 만든 것으로,
요리시 청주와 비슷한 역할을 하지만 생선 요리할 때는 청주보다 맛술을 사용
하는 것이 생선살을 단단하게 하여 부서짐을 막는데 더욱 도움이 된다.

삼겹살 철판볶음

■ **재 료** (2인분)

주재료 : 삼겹살 300g, 감자 2개, 양파 1개, 김치 1/4포기, 대파 1뿌리, 식용유 적당량
양념장 : 고추장 2큰술, 간장 1/2큰술, 다진 마늘 1큰술, 고춧가루 1큰술, 설탕 1큰술, 물엿 1큰술, 깨소금 1/2큰술, 후춧가루 약간
삼겹살 밑간 : 소금 1작은술, 맛술 2큰술, 후춧가루 약간

● **만드는 법**

01 삼겹살은 먹기 좋은 크기로 도톰하게 썬 후 맛술과 소금, 후춧가루를 뿌려 밑간을 한다.

02 감자는 껍질을 벗겨 반으로 잘라 1cm 정도 두께의 반달 모양으로 썬다.

03 양파는 반으로 잘라 감자 정도의 크기로 썰고, 대파는 굵게 어슷 썰어 놓는다.

04 김치는 3cm 정도의 길이로 썰어 준비한다.

05 분량의 양념대로 양념장을 준비한다.

06 달군 프라이팬에 식용유를 약간만 두르고 삼겹살과 감자를 볶다가 양념장을 반만 넣고 더 볶는다.

Note : 곁들이는 김치의 간 정도에 따라 양념장을 조절한다.

07 삼겹살과 감자가 어느 정도 익으면 썰어 둔 김치와 대파, 양파를 넣고 나머지 양념장을 넣은 후 양념이 고루 섞이도록 볶는다.

Note : 삼겹살이 완전히 익은 후 김치를 넣으면 간이 잘 배지 않으므로 삼겹살을 반 정도 익힌 다음 김치를 넣는다.

08 윤기나고 먹음직스럽게 볶아지면 접시에 담아 낸다.

• 21

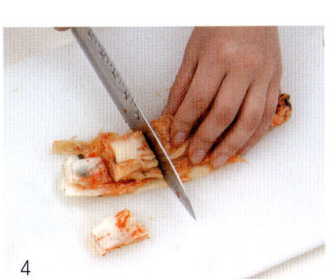

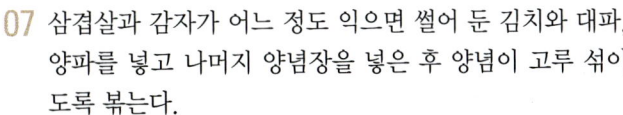

미더덕 콩나물찜

■ **재료** (2인분)

주재료 : 미더덕 200g, 콩나물 200g, 미나리 100g

부재료 : 홍고추 3개, 찹쌀가루 3 큰술, 물 1/2컵, 식용유 적당량

양념장 : 고춧가루 2큰술, 다진 마늘 1큰술, 다진 파 2큰술, 깨소금 1작은술, 설탕 1/2큰술, 소금 1 작은술, 간장 1/2큰술, 참기름 1/2 큰술, 후춧가루 약간, 물 1/2컵

● **만드는 법**

01 미더덕은 옅은 소금물에 재빨리 씻은 후 헹궈 물기를 뺀다.

02 콩나물은 머리와 꼬리를 다듬어 깨끗이 씻고, 미나리는 잎을 적당히 다듬은 후 씻어 3cm 정도의 길이로 썬다.

03 홍고추는 굵게 썰어 믹서에 약간의 물을 넣고 가볍게 갈아 둔다.

Note : 더욱 매콤한 맛을 즐기려면 매운 고추를 함께 넣고 갈아 준다.

04 분량의 양념 재료들을 섞어 양념장을 준비한다.

05 오목한 프라이팬을 달궈 식용유를 두른 후 미더덕을 넣고 살짝 볶아준 다음, 콩나물을 넣고 물 1/2컵을 넣은 후 2~3분 정도 익힌다.

06 콩나물이 익으면 분량의 양념장을 넣고 잘 뒤적인 후 미나리를 넣어 살짝 익힌다.

07 마지막에 갈아 둔 홍고추를 넣고 재빨리 버무린 뒤 찹쌀가루를 넣고 잘 섞어준 후 깨소금과 참기름을 뿌려 접시에 담아 낸다.

Note : 농도가 걸쭉해지지 않으면 찹쌀가루를 더 넣는다.

• 23

베이컨단호박말이

■ **재 료** (2인분)

주재료 : 단호박 1/2통, 베이컨 10장

버터 소스 : 버터 2큰술, 레몬즙 1/2작은술,
소금 · 후춧가루 약간씩

● **만드는 법**

01 단호박은 씨를 발라낸 후 칼로 쳐서 껍질을 벗겨낸 다음
6~8등분한다.

02 찜통에 김이 오르면 손질한 단호박을 넣고 10~15분 정
도 찐다.

Note : 전자레인지에 넣고 2분 정도 익혀도 된다.

03 쪄낸 단호박에 베이컨을 돌돌 말아 꼬지로 고정시킨다.

04 달군 프라이팬에 기름을 두르지 않고 약불에서 돌돌 만
베이컨을 넣어 앞뒤로 바싹 지진다.

05 프라이팬을 달궈 버터를 녹인 후 분량의 레몬즙과 소금,
후춧가루로 간을 하여 버터 소스를 준비한다.

06 잘 지진 베이컨 단호박 말이를 접시에 보기 좋게 담은 후
버터 소스를 끼얹어 낸다.

• 25

1

2

3

4

5

Snack menu

간식메뉴

참치전

■ **재 료** (2인분)

주재료 : 통조림 참치 200g

부재료 : 양파 1/2개, 부추 50g, 당근 1/4개, 밀가루 1컵, 달걀 1개, 물 1/4컵, 김 3장, 소금 1/2큰술, 식용유 적당량

● **만드는 법**

01 참치는 체에 밭쳐 기름기를 뺀 후 잘게 부숴 둔다.

02 양파와 당근은 채를 썰어 다지고, 부추는 짧게 송송 썰어 놓는다.

03 김은 약한 불에 살짝 구워 비닐봉지에 넣고 잘게 부순다.

04 넓은 볼에 분량의 밀가루, 물, 달걀, 소금을 넣고 잘 섞는다.

05 잘 섞은 반죽에 준비한 참치와 야채를 넣고 고루 섞는다.

06 달군 프라이팬에 식용유를 두르고 반죽을 한 수저씩 고르게 떠 놓은 후 김가루를 올린다.

Note : 처음부터 기름을 많이 두르면 모양잡기가 힘들므로 모양이 잡히고 난 후 기름을 더 두른다.

07 한쪽이 완전히 익으면 뒤집어 노릇하게 지져 낸다.

Note : 너무 자주 뒤집으면 맛도 모양도 덜해진다.

1

2

7

5

4

야채 오징어 구이와 매콤 소스

■ **재 료** (2인분)

주재료 : 오징어 1마리, 노란 파프리카 1/2
개, 빨간 파프리카 1/2개

매콤 소스 : 칠리 소스 3큰술, 올리브유 2
큰술, 식초 2큰술, 꿀 1큰술, 소금·후춧가
루 약간씩

2

● **만드는 법**

01 오징어는 통으로 준비해 내장을 제거하고 소금으로 껍질
을 벗겨낸 후 끓는 물에 삶아 내어 식힌다.

02 파프리카는 씨를 뺀 후 동그랗고 얇게 썬다.

03 분량의 양념을 섞어 소스를 준비한다.

04 삶은 오징어는 동글동글하게 썬 후 달군 프라이팬에 기름
을 두르지 않고 굽는다.

Note : 삶은 후 그릴이나 팬에 구우면 오징어가 더욱 쫄깃해진다.

05 썰어 둔 파프리카는 프라이팬에 기름을 두르지 않고 굽듯
이 살짝 익혀 준다.

06 넓은 볼에 구운 오징어와 파프리카를 섞어 담고 매콤 소
스를 넣어 버무린 후 접시에 담아 낸다.

• 29

4

5

6

 쿠킹 포인트 [오징어]

오징어를 고를 때에는 껍질이 검고 단
단하며 눈가에 흰 부분이 많고 투명한
것이 신선한 오징어이다. 1~2일 정도
보관시에는 손질한 후 냉장실 신선칸
에 보관하고, 끓는 물에 데친 후 냉동
보관하면 3개월까지 보관이 가능하다.

speed
cook

TUES

본격적인 업무 시작 정신 없는 화요일

아침에는 손쉬운 베이컨 마늘 볶음밥과 따끈한 일식 된장국

점심에는 영양많은 감자 부추 볶음과 향긋한 멸치 꽈리고추 마늘 볶음

저녁에는 밥도둑 고등어 신김치 조림과 색다른 맛의 두부 시금치 무침

술안주에는 바삭바삭한 감자 삼겹살 말이 튀김

아이들 간식에는 쫄깃하고 시원한 토마토 두부 냉라면과 알록달록 야채콩 튀김

손님과 함께 할 때는 고단백의 닭안심살 냉채와 톡 쏘는 겨자 소스

베이컨마늘볶음밥

■ **재 료** (2인분)

주재료 : 밥 2공기, 베이컨 10장, 마늘 7
쪽, 삶은 달걀 2개
부재료 : 버터 1큰술, 파슬리가루 1큰술, 소
금 · 후춧가루 약간씩

쿠킹 포인트 [마늘의 효능]

마늘은 피로 회복, 정력 강화, 콜레스
테롤의 저하 등 우리 몸에 이로운 역
할을 많이 한다.
고대 알렉산더 대왕이 군대를 이끌 때
군사들에게 마늘을 먹여 전쟁에서 연
승을 했다는 이야기도 있다.

● **만드는 법**

01 베이컨은 3cm 정도의 길이로 채를 썰고, 마늘은 얇게 저
며 놓는다.

02 삶은 달걀은 흰자와 노른자로 나누어, 흰자는 곱게 다지
고 노른자는 체에 내려 놓는다.

• 33

03 달군 프라이팬에 버터를 녹이고 저민 마늘을 넣고 볶다가
밥을 넣고 고루 섞어가면서 볶은 후 소금과 후춧가루로
간을 한다.

04 채썬 베이컨은 달군 프라이팬에 기름을 두르지 않고 달달
볶아 기름기가 쏙 빠지도록 바삭하게 구워 낸다.

05 그릇에 바삭하게 구워진 베이컨과 마늘 볶음밥을 담고 밥
위에 달걀 흰자와 노른자를 보기좋게 올려놓은 다음, 파
슬리가루를 뿌려 낸다.

1

3

4

5

일식 된장국

■ **재 료** (2인분)

주재료 : 일식 된장 3큰술, 다시물 5컵, 팽
이버섯 1/2봉, 두부 1/4모

부재료 : 실파 3뿌리, 맛술 1큰술, 소금 약간

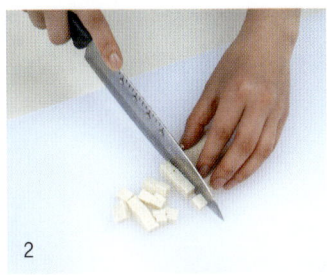

2

4

5

6

● **만드는 법**

01 팽이버섯은 밑동을 자른 후 2cm 정도의 길이로 자른다.

02 두부는 사방 1cm 정도의 크기로 작고 네모지게 준비한다.

• **35**

03 실파는 송송 썬 후 찬물에 한번 헹궈 물기를 빼 놓는다.

Note : 실파를 물에 살짝 헹궈 사용하면 맛이 훨씬 부드럽다.

04 냄비에 준비한 다시물과 분량의 일식 된장을 넣고 거품기
로 잘 풀어준 후 한소끔 끓인다.

Note : 더욱 개운한 맛을 즐기려면 체에 한번 걸러서 사용한다.

05 한소끔 끓으면 팽이버섯과 두부를 넣고 2~3분 정도 더
끓여 준 후 맛술과 소금으로 간을 한다.

Note : 한소끔은 끓기 시작하여 3~5분 정도 지난 후를 말한다.

06 그릇에 옮겨 담은 후 송송 썬 실파를 띄워 낸다.

쿠킹 포인트 [재래 된장과 일본 된장의 차이]

재래 된장은 콩 100%로 삶아 메주로 만들어 몇 개월 혹은 몇 년에 걸쳐 숙성
시키므로 오래 끓일수록 그 맛이 우러난다.
이에 비해 일본 된장은 콩과 밀을 반반씩 섞어 발효균을 넣어 며칠만에 만들
고 숙성 기간도 짧아 오래 끓이거나 다시 끓이면 그 맛이 덜하다.
달짝지근하고 깔끔한 맛이 가끔씩 입맛을 돋우는 데는 제격이다.

멸치꽈리고추마늘볶음

■ **재 료** (2인분)

주재료 : 잔멸치 100g, 꽈리고추 100g, 마늘 5쪽, 실고추 약간

부재료 : 소금 1/2작은술, 식용유 적당량

마무리 양념 : 설탕 1큰술, 맛술 1큰술, 물엿 1큰술, 참기름 1작은술, 깨소금 1작은술

● **만드는 법**

01 멸치는 살살 털어 가루와 잡티를 골라 준비해 두고, 꽈리고추는 꼭지를 떼고 깨끗이 씻어 물기를 뺀다.

02 마늘은 얇고 납작하게 썰고, 실고추는 2cm 정도로 짧게 끊어 둔다.

03 달군 프라이팬에 식용유를 두르고 마늘을 볶다가 마늘향이 돌면 마늘은 건져 내고 마늘 볶던 프라이팬에 꽈리고추를 넣고 소금을 뿌려 살짝 볶아 낸다.

Note : 꽈리고추는 고추향이 살짝 돌 정도로만 볶아야 꽈리고추의 색이 변하지 않는다.

04 프라이팬을 종이타월로 닦아낸 후 다시 기름을 두르고 멸치를 볶다가 따로 볶아 놓은 꽈리고추와 마늘을 넣고 고루 버무리듯 살짝 볶는다.

05 마지막으로 분량의 설탕, 맛술과 물엿, 참기름과 깨소금을 넣어 마무리를 한뒤 실고추를 섞어 접시에 담아 낸다.

1

3

• 37

쿠킹 포인트 [멸치의 사용]

멸치는 크기별로 종류가 나뉘는데, 크기가 2~3cm 이하인 세멸, 자멸, 소멸은 볶음용으로, 5~6cm 정도인 중멸은 고추장에 찍어 먹는데 적당하며, 7cm 이상의 것은 국물 내기용으로 사용된다.

5

4

감자 부추 볶음

■ **재 료** (2인분)

주재료 : 감자 1개, 부추 50g, 당근 1/4개
부재료 : 소금 1작은술, 후춧가루 약간, 깨
소금 1큰술, 참기름 1큰술, 식용유 적당량

1

● **만드는 법**

01 감자는 껍질을 벗겨 얇고 납작하게 썰어 가늘게 채썬 후 물에 한번 헹구어 물기를 뺀다.

Note : 감자를 물에 헹구면 볶을 때 타거나 달라붙지 않는다.

02 당근도 감자와 비슷한 크기로 가늘게 채를 썬다.

03 부추는 깨끗이 다듬어 씻은 후 3cm 정도의 길이로 썰어 놓는다.

3

04 달군 프라이팬에 식용유를 두르고 감자와 당근을 함께 넣고 볶아 준다.

Note : 당근도 감자처럼 잘 익지 않으므로 기름을 넉넉히 두르고 처음부터 볶아 준다.

4

05 감자와 당근이 완전히 익으면 소금과 후춧가루로 간을 맞추고 부추를 넣고 살짝 볶은 후 깨소금과 참기름으로 마무리를 한다.

🫑 쿠킹 포인트 **[감자의 민간요법]**

가벼운 화상을 입었을 때 깨끗이 손질한 감자를 필러로 얇게 벗겨낸 후 붙이면 효과가 있다. 또 여름철 물놀이 후 피부를 진정시킬 때도 같은 방법을 사용하면 효과가 탁월하다.

5

Dinner menu

고등어 신김치 조림

■ **재 료** (2인분)

주재료 : 고등어 2마리, 신김치 1/4포기, 양파 1개

양념장 : 고추장 2큰술, 고춧가루 2큰술, 설탕 1큰술, 후춧가루 약간, 맛술 1큰술, 간장 1큰술, 물엿 1큰술, 물 1컵

● **만드는 법**

01 고등어는 흐르는 물에 재빨리 씻어 채반에 건져 준비한다.

02 양파는 모양대로 굵고 동글동글하게 썰어 둔다.

03 신김치는 물에 살짝 흔들어 씻은 후 물기를 짜서 5cm 정도의 길이로 썬다.

Note : 총각무 김치를 납작하게 썰어서 조려도 맛있다.

• 41

04 분량의 양념을 섞어 양념장을 준비한다.

05 냄비에 썰어 둔 김치를 깔고 고등어를 올린 다음 양파를 올리고, 준비한 양념장을 고루 끼얹는다.

06 끓기 시작하면 약불로 줄여 고등어의 속까지 간이 배도록 푹 익힌다.

Note : 약불에서 20분 정도 끓이면 고등어가 속까지 익는다.

07 국물이 바닥에 깔릴 정도로 남으면 중불로 하여 양념을 끼얹어 주며 자작해지도록 조린다.

08 잘 조려지면 접시에 보기 좋게 담아 낸다.

두부 시금치 무침

■ **재 료** (2인분)

주재료 : 시금치 1/2단, 두부 1/2모, 당근 1/4개, 양파 1/2개

무침 양념 : 깨소금 2큰술, 간장 1큰술, 멸치액젓 1큰술, 맛술 1큰술, 참기름 1/2 큰술

쿠킹 포인트 [시금치]

시금치는 날로 먹는 것보다는 데쳐서 먹어야 시금치에 함유되어 있는 수산 성분이 빠져 나가므로 우리 몸에 더욱 이롭다.

● **만드는 법**

01 시금치는 깨끗이 다듬어 끓는 소금물에 데친 후 찬물에 헹궈 물기를 빼 둔다.

Note : 시금치 대신 쑥갓을 사용해도 향이 좋다.

02 두부는 큼직하게 잘라서 끓는 물에 소금을 약간 넣고 데친 후 식으면 면보로 물기를 꼭 짜서 체에 곱게 내린다.

03 당근과 양파는 곱게 채썰어 소금에 살짝 절여 찬물에 헹군 후 물기를 제거한다.

04 분량의 양념을 섞어 무침 양념을 준비한다.

05 큰 볼에 준비한 재료들을 넣고 무침 양념을 넣어 조물조물 버무린 후 접시에 담아 낸다.

• 43

1

2

3

5

감자삼겹살말이 튀김

■ **재 료** (2인분)

주재료 : 삼겹살 100g, 감자 1개
부재료 : 달걀 2개, 빵가루 2컵, 밀가루 1/2
컵, 소금·후춧가루 약간씩, 튀김기름 적당량

● **만드는 법**

01 삼겹살은 지방을 약간 떼어낸 후 소금, 후춧가루로 밑간
을 한다.

Note : 구입할 때 얇은 것으로 준비한다.

02 감자는 나무젓가락 정도의 두께로 채썬다.

03 밑간한 삼겹살 위에 감자를 올린 후 양끝을 잘 여며가며
돌돌 말아 준다.

04 돌돌 만 삼겹살에 밀가루, 달걀물, 빵가루 순으로 고루
묻힌다.

05 175℃ 정도의 튀김기름에 준비한 삼겹살 말이를 넣고 노
릇하게 튀겨 낸다.

Note : 빵가루를 떨어뜨려 넣었을 때 바로 떠오르면 적당한 튀김 온도이다. 한번
튀긴 후 건져내어 식힌 다음, 한번 더 튀겨야 맛이 좋다.

06 완성된 튀김을 보기 좋게 접시에 담아 낸다.

• 45

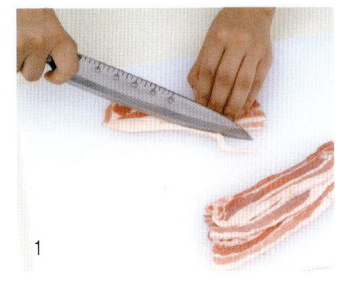

1

2

5

4

3

토마토 두부 냉라면

■ **재 료** (2인분)

주재료 : 토마토 3개, 우유 1컵, 두부 1/4
모, 라면사리 2개, 오이 1/2개, 달걀 1개
부재료 : 소금 적당량

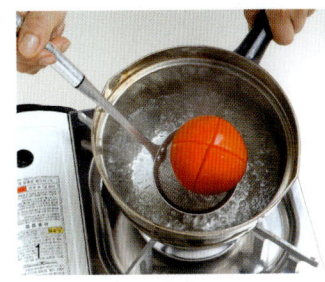

● **만드는 법**

01 토마토는 십자로 칼집을 깊게 준 후 끓는 물에 소금을 약
간 넣고 2~3초 정도로 살짝 데친 후 찬물에 헹궈 껍질을
벗겨 놓는다.

Note : 좀 귀찮더라도 껍질을 제거하는 것이 국물을 더 부드럽게 만들어 준다.

02 끓는 물에 라면을 데쳐 내어 찬 얼음물에 주물러가며 헹
구어 꼬들하게 한 후 체에 받쳐 물기를 **뺀다**.

Note : 마트에 가면 라면 사리용으로 면만 구입할 수가 있다.

03 오이는 가늘게 채썰고, 달걀은 찬물에 소금을 약간 넣고
20분 정도 삶은 다음 식혀 둔다.

04 믹서에 토마토와 우유, 두부를 넣고 잘 갈아 소금으로 간
을 하여 라면 국물을 준비한다.

Note : 소금은 기호에 맞게 따로 간을 맞추도록 한다.

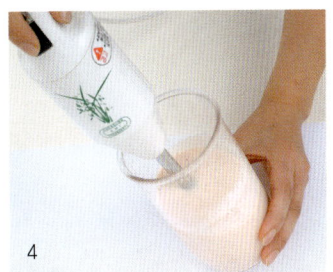

05 그릇에 꼬들꼬들한 라면을 동그랗게 담고 준비한 국물을
넉넉히 부은 후, 채썬 오이와 삶은 달걀을 반으로 잘라 올
려 담고 얼음을 동동 띄워 낸다.

 쿠킹포인트 [**토마토의 효능**]

붉은색의 토마토에는 항암 효과가 높은 리코펜이란 성분이 다량 함유되어 있
다. 이러한 성분은 수박, 붉은고추, 당근처럼 붉은기가 도는 식품에 많이 들어
있다. 또 토마토를 설탕과 함께 먹으면 토마토의 비타민B가 제 기능을 발휘하
지 못하므로 소금과 곁들여 먹는 것이 좋다.

야채 콩 튀김

■ **재 료** (2인분)

주재료 : 고구마 1/2개, 당근 1/2개, 완두콩 (강낭콩) 통조림 1/2통

부재료 : 튀김가루 1/2컵, 달걀 2개, 소금 약간, 튀김기름 적당량

● **만드는 법**

01 고구마와 당근은 깨끗이 손질한 후 각각 사방 1cm 정도 의 크기로 작고 네모지게 잘라 놓는다.

02 네모지게 자른 고구마와 당근은 끓는 물에 반 정도 익도 록 데쳐 낸다.

Note : 튀길 때 익히는 시간을 줄여 준다.

03 완두콩 통조림은 체에 밭쳐 뜨거운 물을 끼얹어 씻어 낸다.

04 볼에 준비된 야채와 완두콩을 넣고 소금간을 한 후 튀김 가루를 뿌려 골고루 뒤적인다.

Note : 재료를 가루에 먼저 뿌려 주면 반죽이 고루 잘 달라붙는다.

05 남은 튀김가루와 달걀을 잘 섞은 후 튀김가루를 입힌 재 료에 넣고 잘 버무린다.

06 170~180℃ 정도의 튀김기름에 준비한 반죽을 한 수저씩 떠 넣은 후 노릇하게 튀겨 낸다.

Note : 한번 튀긴 다음 건져 내어 식힌 후 다시 한번 튀기면 더욱 바삭하다.

07 노릇하게 튀겨진 튀김을 종이타월 위에 올려 기름기를 뺀 후 접시에 담아 낸다.

• **49**

닭안심살 냉채와 겨자소스

■ 재 료 (2인분)

주재료 : 닭안심살 100g, 느타리버섯 100g, 오이 1개, 당근 1/4개, 슬라이스 파인애플 1쪽

부재료 : 식용유 적당량

닭살 맛내기 : 생강 1쪽, 양파 1/4개, 간장 1작은술

겨자 소스 : 연겨자 1큰술, 식초 4큰술, 설탕 2큰술, 꿀 2큰술, 소금 · 후춧가루 · 간장 약간씩

● 만드는 법

01 냄비에 물을 붓고 분량의 맛내기 재료를 넣은 후 끓으면 닭안심살을 넣는다.

02 닭안심살을 15~20분 정도 삶은 후 건져 내어 식힌 후 손으로 잘게 찢어 준비한다.

03 오이는 5cm 정도의 길이로 잘라 속 부분을 뺀 나머지 부분을 얇게 썬 후 가늘게 채썰고, 당근도 오이와 같은 길이로 채썰어 찬물에 담가 생생하게 한 후 물기를 빼 둔다.

Note : 곁들이는 야채는 기호에 맞게 바꿔도 된다.

04 느타리 버섯은 끓는 물에 소금을 약간 넣고 살짝 데쳐 찬물에 헹구어 잘게 찢은 후 물기를 꼭 짠다.

05 달군 프라이팬에 식용유를 약간만 두르고 준비한 느타리 버섯을 볶는다.

06 분량의 양념을 섞어 겨자 소스를 만든다.

07 넓은 볼에 준비한 냉채 재료들을 넣고 고루 섞은 후 준비한 소스를 넣어 살살 버무린다.

08 완성된 냉채를 접시에 올려 담은 후 파인애플을 곁들이고 소스를 한번 더 끼얹어 낸다.

• 51

1

2

7

5

3

speed
cook

일주일의 딱 중간 지루한 수요일

아침에는 부드러운 **달걀 볶음밥**과 시원한 **바지락 감자 미역국**

점심에는 담백한 **삼치 두반장 구이**와 달콤한 **부추 달걀 볶음**

저녁에는 푸짐한 **모듬 쌈밥**과 칼칼한 **알탕**

술안주로는 든든한 **청경채묵 무침**과 아삭아삭 **구운 식빵 치킨 샐러드와 키위 소스**

간식에는 구수하고 쫄깃한 **버섯 라면**과 한 입에 쏘옥 **어묵 베이컨 치즈 구이**

손님이 오셨을 때는 간단하면서도 푸짐하며 맛있는 **돼지고기 샤브샤브와 양파 소스**

달걀볶음밥

■ **재 료** (2인분)

주재료 : 달걀 4개, 찬밥 2공기
부재료 : 굴소스 2큰술, 설탕 1/2큰술, 소금 1/2작은술, 식용유 적당량
마무리 양념 : 참기름 1큰술, 김가루 1큰술, 후춧가루 · 통깨 약간씩

● 만드는 법

01 볼에 달걀을 깨트려 넣은 후 설탕 1/2큰술과 소금을 약간 넣어 잘 풀어 놓는다.

02 찬밥은 전자레인지에 살짝 데운 후 분량의 굴소스를 넣어 잘 섞어 놓는다.

Note : 굴소스를 미리 밥에 버무려 두면 간이 더욱 고르게 배어 든다.

• 55

03 달군 프라이팬에 식용유를 두르고 풀어놓은 달걀물을 부어 나무주걱으로 휘저어 준다.

04 달걀이 반 정도 익으면 준비한 밥을 넣고 달걀이 완전히 익어 밥과 잘 섞일 때까지 볶는다.

Note : 너무 꾹꾹 누르지 말고 주걱을 세워서 살살 저어 주면 더욱 고슬고슬한 볶음밥이 된다.

05 마지막으로 참기름과 후춧가루를 넣고 살짝 한번 뒤적여 준 후 그릇에 옮겨 담고 통깨를 솔솔 뿌린 다음 김가루를 올린다.

바지락감자미역국

■ **재 료** (2인분)

주재료 : 불린 미역 100g, 바지락살 100g, 감자 1/2개

부재료 : 국간장 1큰술, 멸치액젓 1작은술, 소금 1작은술, 참기름 1큰술, 다진 마늘 1작은술, 물 5컵

1

2

● **만드는 법**

01 불린 미역은 찬물에 주물러서 씻은 다음, 끓는 물에 소금을 넣고 살짝 데쳐 물에 헹군 후 3cm 정도의 길이로 썬다.

02 바지락살은 소금물에 살살 흔들어 씻어 준비하고, 감자는 나무젓가락 두께로 채썬다.

03 달군 냄비에 참기름을 두르고 바지락살을 넣고 볶다가 미역을 넣고 함께 볶는다.

Note : 냄비를 너무 달군 후 참기름을 두르면 타므로 주의한다.

04 분량의 물을 넣고 한소끔 끓인 후 감자를 넣고 푹 끓인다.

05 뽀얀 국물이 우러나고 감자와 미역이 무를 정도로 익으면 국간장과 멸치액젓으로 간을 한다.

Note : 멸치액젓을 넣으면 더욱 개운한 맛이 난다.

06 마지막에 다진 마늘을 넣고, 모자라는 간은 소금으로 한다.

• 57

3

4

5

삼치 두반장 구이

■ **재 료** (2인분)
주재료 : 삼치 2토막, 식용유 적당량
삼치 밑간 양념 : 레몬즙(맛술) 2큰술, 소금 · 후춧가루 약간씩, 밀가루 3큰술
구이 양념 : 두반장 2큰술, 고추장 1큰술, 다진 마늘 1큰술, 간장 1작은술, 설탕 1작은술, 참기름 1작은술, 물 2큰술, 통깨 약간

● **만드는 법**

01 삼치는 깨끗이 씻어 포를 떠서 **뼈**를 발라내고 밑간을 한 다음, 간이 배면 물에 헹궈 물기를 **뺀** 후 밀가루 옷을 입힌다.

02 분량의 구이 양념 재료를 섞어 양념장을 준비한다.

03 달군 프라이팬에 식용유를 두른 후 준비한 삼치를 앞뒤로 반 정도 익도록 굽는다.

Note : 삼치를 완전히 익히면 양념이 잘 배지 않는다.

04 반 정도 익은 삼치에 구이 양념을 앞뒤로 발라가며 약한 불에서 속까지 간이 배도록 서서히 익힌다.

Note : 양념을 얇게 여러 번 덧발라 굽는 것이 좋다. 너무 센불에서 구우면 양념이 타므로 주의한다.

05 윤기나게 속까지 간이 배도록 구워지면 접시에 담아 낸다.

2

• 59

 쿠킹 포인트 [삼치 구이]
삼치는 포를 뜬 후 소금간을 하여 그릴이나 석쇠에 구워 먹어도 맛있다. 곁들일 양념장은 간장1 : 다시물1 : 설탕 약간 : 레몬즙 약간 : 와사비 약간

부추달걀볶음

■ **재 료** (2인분)

주재료 : 부추 50g, 게맛살 50g, 달걀 2개
부재료 : 다진 마늘 1작은술, 소금 1작은술,
참기름 1/2큰술, 깨소금 1작은술, 후춧가루
약간, 식용유 적당량

● **만드는 법**

01 부추는 깨끗이 다듬은 후 씻어 3cm 정도의 길이로 썬다.

02 게맛살도 부추와 같은 길이로 자른 후 잘게 찢어 놓고, 달
  걀은 풀어 놓는다.

03 프라이팬을 달궈 식용유를 두르고 손질한 부추를 넣어 살
  짝 볶은 후 그릇에 담아 놓는다.

04 프라이팬을 달궈 식용유를 두르고 마늘을 볶다가 게맛살
  을 넣고 볶은 후 프라이팬의 가장자리로 밀어내고, 식용
  유를 약간 더 두르고 풀어놓는 달걀물을 붓는다.

05 달걀물을 젓가락으로 휘저어 반 정도만 익힌 후 밀어 두
  었던 게맛살과 볶아놓은 부추를 넣고 재빨리 고루 잘 섞
  는다.

06 마지막에 소금, 후추로 간을 한 다음 깨소금과 참기름을
  넣고 접시에 담아 낸다.

 쿠킹 포인트 **[부추의 효능]**

부추에는 몸을 덥게 하는 보온 효과가 있어서 몸이 찬 태음인이나 소음인에게
좋으며 부추의 아릴 성분은 소화를 돕고 장을 튼튼하게 한다. 또 피를 맑게 하
여 허약 체질 개선, 성인병 예방에도 효과가 탁월하다.

• 61

모듬쌈밥

■ **재 료** (2인분)

주재료 : 양배추 1/4통, 김 3장, 깻잎 10장, 소고기(불고기감) 300g, 찬밥 2공기, 보크라이스 3큰술

불고기 양념장 : 간장 2큰술, 설탕 1큰술, 맛술 1큰술, 다진 파 2큰술, 다진 마늘 1큰술, 소금 1작은술, 참기름 1큰술, 후춧가루 약간

쌈장 : 시판용 쌈장 2큰술, 마요네즈 1작은술, 설탕 1작은술, 마늘 1큰술, 다진 고추 1작은술, 맛술 1작은술, 통깨 1작은술

● **만드는 법**

01 양배추는 가운데 심을 잘라낸 후 한 장씩 뜯어 씻은 후 김이 오른 찜통에 넣고 3~5분 정도 쪄낸 후 식힌다.

Note : 시간이 없으면 전자레인지에 물기가 있는 상태로 1분 정도 가열한다.

02 분량의 양념들을 섞어 불고기 양념장을 준비한다.

03 소고기는 불고기감으로 준비하여 굵게 채썬 후 준비한 양념장에 버무린다.

• 63

04 김은 프라이팬에 올려 앞뒤로 살짝 구운 후 6등분하여 자르고, 깻잎은 깨끗이 씻어 물기를 뺀다.

05 찬밥은 전자레인지에 데운 후 보크라이스와 소금, 참기름을 약간 넣고 잘 섞은 후 한입 크기로 조금씩 떼어 동그랗게 뭉친다.

Note : 밥이 식기 전에 뭉쳐야 잘 뭉쳐진다.

06 달군 프라이팬에 식용유를 약간만 두르고 양념한 소고기를 센불에 국물이 생기지 않도록 달달 볶는다.

07 넓은 접시에 준비된 재료를 보기좋게 담은 후 쌈장을 곁들여 낸다.

알 탕

■ **재 료** (2인분)

주재료 : 명태알 200g, 무 50g, 콩나물 50g, 쑥갓 30g, 매운 고추 1개, 대파 1/2 뿌리, 홍고추 1/2개, 팽이버섯 1/4봉, 다시 물 3컵

양념 : 고추장 1/2큰술, 소금 1작은술, 마늘 1작은술, 청주(맛술) 1큰술, 고춧가루 1큰술

● 만드는 법

01 명태알은 소금물에 흔들어 씻어 준비한다.

02 콩나물은 깨끗이 씻어 물기를 빼고, 쑥갓은 씻은 후 4cm 정도의 길이로 자른다. 팽이버섯은 밑동을 잘라 준비한다.

03 무는 납작하고 네모지게 자르고, 매운 고추와 홍고추는 어슷 썰고, 대파도 굵게 어슷 썰어 놓는다.

04 냄비에 다시물 3컵을 붓고 고추장을 풀어 한소끔 끓인다.

05 04가 끓으면 무와 명태알을 넣고 끓이다가 콩나물을 넣고 끓인다.

Note : 콩나물은 처음부터 뚜껑을 열고 끓이면 비린내가 나지 않는다.

06 콩나물이 익으면 매운 고추를 넣고 고춧가루를 넣는다.

07 명태알이 충분히 익으면 대파와 홍고추, 다진 마늘을 넣고 소금으로 간을 한 후 청주를 넣고 쑥갓과 팽이버섯을 올려 상에 낸다.

1

2

• 65

청경채묵무침

■ **재 료** (2인분)

주재료 : 청경채 200g, 묵 1모, 홍고추 1개, 실파 3뿌리

무침 양념 : 간장 1큰술, 식초 1큰술, 맛술 1큰술, 고춧가루 1/2큰술, 설탕 1/2큰술, 참기름 1/2큰술, 다진 마늘 1/2작은술, 통깨 1작은술

묵 밑간 : 소금 1작은술, 맛술 1큰술

● **만드는 법**

01 청경채는 밑동을 자른 후 한 잎씩 떼내어 깨끗이 씻어 3cm 정도의 길이로 자른다.

02 묵은 도톰하게 4cm 정도의 크기로 네모지게 자른 후 밑간을 해 둔다.

Note : 요즘에는 묵이 다양하게 나오므로 식성에 맞는 것으로 골라 먹는다.

• 67

03 홍고추는 반으로 갈라 씨를 뺀 후 굵게 다지고, 실파는 다듬어 씻은 후 송송 썰어 놓는다.

04 분량의 양념을 넣고 무침 양념장을 준비한다.

05 넓은 그릇에 청경채, 밑간한 묵, 홍고추, 실파를 담고 양념장을 넣은 후 살살 버무려 그릇에 담아 낸다.

1

2

3   5

 쿠킹 포인트 **[올챙이묵]**

별미로 먹는 강원도 향토 음식인 올챙이묵은 옛날 춘궁기를 이겨내기 위해 덜 익은 옥수수를 삶아 반죽을 하여 구멍 뚫린 바가지에 떨어뜨린 후 찬물에 굳혀 먹던 것으로 그 모양이 올챙이와 비슷하여 붙여진 이름이다.

구운식빵 치킨 샐러드와 키위소스

■ **재 료** (2인분)

주재료 : 닭안심살 200g, 식빵 5쪽, 양상추 1/4통, 치커리 100g, 붉은 파프리카 1/4개

부재료 : 버터 2큰술, 파르메산 치즈가루 2큰술, 소금·후춧가루 약간씩, 올리브유 적당량

키위 소스 : 키위 1개, 플레인 요구르트 1개, 우유 2큰술, 사과식초 2큰술, 꿀 2큰술, 소금·후춧가루 약간씩

● **만드는 법**

01 닭안심살은 얇게 저며 썰어 소금과 후추로 밑간을 한다.

02 식빵은 가장자리를 잘라내고 6등분한 후 달군 프라이팬에 올리브유를 넉넉히 두르고 튀기듯이 볶아 노릇하고 바삭하게 구운 후 뜨거울 때 파르메산 치즈가루를 뿌린다.

03 양상추는 깨끗이 씻은 후 한입 크기로 찢어서 준비하고, 치커리는 3등분하여 자르고, 파프리카는 모양대로 얇고 둥글게 썬다.

• 69

04 달군 프라이팬에 버터를 녹인 후 약불에서 간이 밴 닭살을 앞뒤로 노릇노릇하게 속까지 완전히 익도록 지져낸 다음 약간 식혀 손으로 찢어 놓는다.

05 분량의 재료를 모두 믹서에 넣고 살짝 갈아 키위 소스를 준비한다.

Note : 너무 많이 갈면 키위에서 씁쓸한 맛이 나므로 고루 섞일 정도로만 살짝 갈아 준비한다.

06 준비한 재료들을 큼직한 접시에 고루 섞어 담은 후 키위 소스를 뿌려 낸다.

버섯라면

■ **재 료** (2인분)

주재료 : 라면사리 2개

부재료 : 팽이버섯 1봉, 일식 미소 된장 4
큰술, 다진 파 1큰술, 맛술 1큰술, 소금 약
간, 다시물 4컵

● **만드는 법**

01 냄비에 물이 끓으면 라면을 넣고 살짝 익혀 찬물이나 얼
음물에 헹군 후 물기를 뺀다.

1

02 팽이버섯은 밑동을 잘라내어 물에 살짝 흔들어 씻은 후
반을 잘라 놓는다.

Note : 버섯을 너무 많이 씻으면 단맛이 빠지므로 주의한다.

2

• 71

03 냄비에 분량의 다시물과 미소 된장을 넣은 후 한소끔 끓
인다.

Note : 일식 미소 된장은 너무 오래 끓이면 떫은 맛이 난다.

04 준비한 팽이버섯을 넣고 맛술과 소금으로 간을 한 후 불
을 끈다.

3

05 그릇에 삶은 라면을 담고 준비한 라면 국물을 끼얹은 후
다진 파를 올린다.

 쿠킹 포인트 [라면]

라면의 면발이 꼬불꼬불한 이유는 좁
은 면적에 많은 양을 담을 수 있고,
요리 시 꼬불한 사이로 뜨거운 물이
들어가 단시간에 익을 수 있기 때문이
다. 시각적으로도 쭉 뻗은 모양보다
꼬불한 것이 더 미각을 살린다.

5

4

어묵베이컨치즈구이

■ **재 료** (2인분)

주재료 : 둥근 어묵 100g, 슬라이스 치즈 1
장, 베이컨 2장
부재료 : 다진 파슬리 1큰술, 칠리 소스 1큰
술, 버터 약간

● **만드는 법**

01 어묵은 1cm 정도의 두께로 둥근 모양을 살려 썬 후 뜨거
운 물을 끼얹어 기름기를 뺀다.

02 베이컨은 약불에서 기름을 두르지 않은 프라이팬에 앞뒤
로 살짝 지져낸 후 사방 2cm 정도의 크기로 자른다.

03 슬라이스 치즈는 돌돌 말아 얇게 썰어 놓는다.

04 둥글게 썬 어묵에 칠리 소스를 바르고, 잘라놓는 베이컨
을 올린 후 얇게 썰어 놓은 치즈를 얌전히 올린다.

05 달구어진 프라이팬에 버터를 녹인 후 모양낸 어묵을 넣고
약불에서 치즈가 녹을 때까지 익힌다.

Note : 투명 뚜껑을 덮고 익히면 편리하다.

06 치즈가 다 녹으면 모양내어 접시에 담고 파슬리 가루를
뿌려 낸다.

쿠킹 포인트 [프라이팬 사용 상식]

프라이팬에 야채나 고기류를 볶을 경우 기름이 여기 저기 많이 튄다. 이럴 땐
볶을 재료의 물기를 없애 주거나 재료를 볶기 전 프라이팬에 미리 소금을 약
간 넣고 볶아 주면 튀는 것이 덜하다.

돼지고기 샤브샤브와 양파 소스

■ **재 료** (2인분)

주재료 : 얇게 썬 돼지고기 300g, 대파 3
뿌리, 양상추 1통, 맥주 4컵

양파 소스 : 양파 간 것 1/2컵, 식초 3큰
술, 꿀 2큰술, 간장 1큰술

● **만드는 법**

01 얇게 썬 돼지고기는 5cm 정도의 길이로 잘라 접시에 돌
려 담은 후 차게 준비한다.

02 대파는 가늘게 채썰어 찬물에 담근 후 주물러 씻어 건져
물기를 **뺀다.**

Note : 주물러 씻어야 파의 미끌거림이 없어진다. 단골 정육점에서 채썬 파를 같
이 구입하면 편리하다.

03 양상추는 가운데 심을 자른 후 한 장씩 뜯어내어 씻은 뒤
손으로 한입 크기로 만들어 찬물에 담가 생생하게 한 후
건져 낸다.

04 분량의 양념을 잘 섞어 양파 소스를 준비한다.

05 두툼한 냄비에 맥주를 넣고 끓으면 돼지고기를 한 장씩
넣고 익혀 양상추와 대파를 곁들인 후 양파 소스에 찍어
먹는다.

• 75

1

2

3

4

speed
cook

THUR

약간은 지쳐 활력이 필요한 목요일

아침에는 추억의 콩나물 국밥과 영양 만점 베이컨 달걀 볶음

점심에는 시원한 국물의 꼬치 어묵과 후루룩 생면

저녁에는 먹을수록 맛있는 갈치 호박 조림과 쫄깃한 게맛살 느타리 볶음

술안주로는 소주에 제격인 김치 콩나물 라면에 새우 오징어 튀김과 찰떡궁합 토마토 소스

간식으로는 하나씩 빼먹는 재미의 닭고기 떡꼬치 구이와 라면의 또다른 변신 라면 지짐

손님이 오시면 아삭한 야채 맛이 그만인 제육안심 야채볶음과 고소한 두반장 참깨 소스

콩나물국밥

■ **재 료** (2인분)

주재료 : 콩나물 300g, 배추김치 1/6포기, 찬밥 1공기, 매운 고추 2개, 다시물 10컵, 무 150g

양념 : 고춧가루 2큰술, 다진 파 2큰술, 다진 마늘 1큰술, 새우젓 3큰술, 소금 약간

● **만드는 법**

01 콩나물은 깨끗이 씻어 물기를 빼고, 무는 손질하여 납작 납작하게 썰고, 매운 고추는 송송 다진다.

02 배추김치는 속을 털어낸 후 송송 썰어 준비한다.

Note : 꼭 신김치를 사용하도록 한다.

03 냄비에 다시물을 담고 준비한 무를 넣은 후 무가 투명해 지면서 무르도록 중불에서 끓인다.

04 국물에 시원한 무의 맛이 우러나면 무를 건져 내고 김치 와 콩나물을 넣고 끓인다.

05 한소끔 끓으면 고춧가루, 다진 파, 다진 마늘, 매운 고추 를 넣고 새우젓으로 간을 한다.

06 기호에 따라 밥을 넣고 한번 더 끓인 후 소금으로 간을 한 뒤 그릇에 담아 낸다.

Note : 너무 오래 끓이면 밥이 퍼져 죽처럼 되므로 주의한다.

1

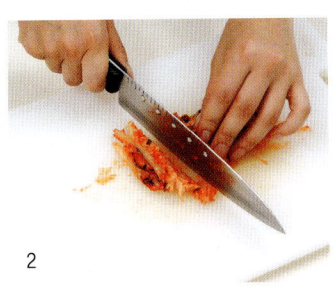

2

3

4

5

베이컨 달걀 볶음

■ **재 료** (2인분)

주재료 : 달걀 3개, 베이컨 3장, 양파 1/2
개, 통조림 옥수수 100g
부재료 : 우유 1/2컵, 다진 마늘 1작은술,
버터 1큰술, 소금 · 후춧가루 약간씩

1

● **만드는 법**

01 그릇에 달걀을 깨트려 넣은 후 분량의 우유를 넣고 잘 섞
   어 풀어준 후 소금과 후추로 간을 한다.

02 베이컨은 굵게 다진 후 체에 받여 끓는 물을 2~3번 정도
   끼얹어 기름기를 뺀다.

03 옥수수는 체에 받여 물기를 빼고, 양파는 굵게 다진다.

2

04 달군 프라이팬에 버터를 녹인 후 마늘을 볶다가 베이컨,
   양파, 옥수수 순으로 볶는다.

05 마지막으로 풀어 놓은 달걀물을 넣고 전체를 휘저어서 반
   숙 상태로 익힌 후 접시에 담아 낸다.

Note : 달걀을 너무 많이 익히면 부드러운 맛이 덜하다.

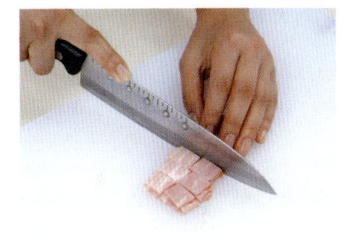

4

 쿠킹 포인트 [달걀 맛있게 삶는 법]

냉장고에서 꺼낸 찬 달걀을 바로 삶으면 잘 깨지므로 실온에 잠시 둔 후 삶도
록 한다. 반숙은 냄비에 달걀이 잠길 정도의 물을 담고 소금을 약간 넣은 후
팔팔 끓는 물에 달걀을 넣고 불을 끈 후 뚜껑을 덮어 7분 정도 두면 되고, 완
숙은 찬물에 달걀을 넣고 20분 정도 끓이면 된다.

5

꼬치어묵과 생면

■ **재 료** (2인분)

주재료 : 어묵 300g, 생면 150g

부재료 : 무 100g, 대파 1뿌리, 국간장 1큰술, 굴소스 3큰술, 다시물 6컵

● **만드는 법**

01 어묵은 먹기 좋은 크기로 잘라 나무젓가락이나 꼬치에 끼운 후 끓는 물에 살짝 데쳐 낸다.

02 무는 큼직하게 토막내어 다듬고, 대파는 굵게 어슷 썰어 놓는다.

03 준비한 다시물에 토막낸 무를 넣고 중불에서 20~30분 정도 끓인다.

Note : 무를 젓가락으로 찔러 보아 푹 들어가면 충분히 우러난 것이다.

04 무가 푹 무르면 분량의 국간장과 굴소스를 넣고 간을 맞춘다.

05 간을 맞춘 후 준비한 어묵과 대파를 넣고 10분 정도 끓인 후 그릇에 담아 낸다.

06 남은 어묵 국물에 생면을 넣어 끓여 낸다.

1

2

쿠킹포인트 [**국물요리할 때**]

고기나 생선을 사용하여 육수를 낼 때 거품이 많이 떠오른다. 이 거품의 대부분은 불순물이므로 건져내는 것이 좋다. 거품을 제거하면 거품 속의 불순물이 제거되어 텁텁한 맛이 없어지고 맛이 깔끔해지며 모양도 좋아진다.

5

4

갈치 호박조림

■ **재 료** (2인분)

주재료 : 갈치 6토막, 호박 1/2개
부재료 : 대파 1뿌리, 홍고추 1/2개, 매운 고추 2개, 쌀뜨물 1컵
양념장 : 고춧가루 3큰술, 고추장 1큰술, 간장 1큰술, 설탕 1/2큰술, 소금 1작은술, 다진 마늘 1큰술, 다진 생강 1/2작은술, 참기름 1작은술, 물 1/4컵

● **만드는 법**

01 갈치는 소금물에 재빨리 씻어 물기를 뺀다.

02 호박은 반으로 갈라 1cm 정도의 두께로 도톰하게 썬다.

03 대파는 굵게 어슷 썰고, 홍고추와 매운 고추는 꼭지를 떼어낸 후 굵게 어슷 썬다.

04 분량의 양념들을 섞어 양념장을 준비한다.

05 냄비에 썰어 둔 호박을 깔고 양념장을 한번 두른 후 갈치를 올리고 다시 양념장을 끼얹는다. 썰어 둔 대파와 홍고추, 매운 고추를 올린 후 나머지 양념장을 넣고 쌀뜨물을 붓는다.

06 센불에서 끓이기 시작하여 끓어 오르면 중불로 줄여 5분 정도 익힌 후 갈치가 어느 정도 익으면 약불에서 10~15분 정도 익혀 간이 배도록 한다.

Note : 중불에서 끓일 때 호박이 바닥에 눌지 않도록 냄비를 살짝 흔들어 주고, 국물을 자꾸 끼얹어 주면 더욱 윤기나는 조림이 된다.

07 국물이 자작하게 깔릴 정도로 익으면 불을 끄고 접시에 담아 낸다.

• **85**

1

2

4

5

6

게맛살느타리볶음

■ **재 료** (2인분)

주재료 : 게맛살 50g, 느타리 버섯 100g
부재료 : 미나리 3뿌기, 마늘 3쪽, 참기름 · 소금 · 후춧가루 · 통깨 약간씩, 식용유 적당량

1

● **만드는 법**

01 게맛살은 5cm 정도의 길이로 잘라 결대로 찢는다.

02 느타리버섯은 끓는 물에 소금을 약간 넣고 삶아 찬물에 헹군 후 얇게 찢어 물기를 짠다.

Note : 너무 꼭 짜지 말고 보송보송한 정도로 짠다.

03 미나리는 손질하여 3cm 정도의 길이로 자르고, 마늘은 얇게 저민 후 채썬다.

2

04 달군 프라이팬에 식용유를 두르고 채썬 마늘을 넣고 볶다가 느타리버섯을 넣고 볶는다.

Note : 재료를 볶을 때는 센불에서 재빨리 볶는다.

05 버섯향이 돌면서 느타리버섯이 익으면 미나리를 넣어 더 볶는다.

4

06 볶던 재료에 게맛살을 넣고 가볍게 버무리듯 볶다가 소금과 후추로 간을 한 후 참기름과 통깨로 마무리한다.

5

쿠킹 포인트 [느타리버섯의 효능]

느타리버섯에는 칼슘, 인, 철분의 함량이 높아서 성장기 아이들은 물론, 성인에게도 좋은 버섯 중 하나이다. 대부분의 버섯은 항암 효과가 높은데 느타리버섯은 직장암과 유방암에 대한 면역 기능을 높인다는 연구 결과도 있다. 수분이 많고 살이 연하므로 오래 보관하는 것은 좋지 않고, 3~4일 정도 냉장실에 보관하는 것이 적당하다.

김치 콩나물 라면

■ **재 료** (2인분)

주재료 : 라면 2개

부재료 : 배추김치 1/4포기, 콩나물 60g, 다진 파 1/2큰술, 다진 마늘 1/4큰술, 물 6컵, 김치국물 1컵, 달걀 1개, 라면스프 1개

● **만드는 법**

01 김치는 속을 털어낸 후 송송 썰어 물기를 살짝 **뺀** 후 다진 파와 다진 마늘을 넣고 양념을 해 둔다.

Note : 김치속까지 다 넣으면 맛이 텁텁해진다.

02 콩나물은 깨끗이 씻어 물기를 **뺀다.**

03 냄비에 분량의 물과 김칫국, 라면스프를 넣고 한소끔 끓인다.

Note : 김치가 들어가므로 스프의 양을 줄인다.

04 국물이 끓으면 김치부터 넣고 익힌 후 라면, 콩나물 순으로 올려 한소끔 끓여 낸다.

05 콩나물이 익으면 달걀을 깨트려 넣고, 뚜껑을 닫고 잠시 두어 반숙으로 익힌 후 상에 낸다.

Note : 라면을 너무 휘저으면 꼬들한 맛이 덜해지니까 젓가락으로 라면 사이사이만 떨어뜨려 준다. 콩나물은 처음부터 뚜껑을 열고 끓이면 비린내가 나지 않으므로 익은 후엔 뚜껑을 닫아도 된다.

1

3

5

4

 쿠킹 포인트 [김치]

김치는 저장 기간이 짧은 야채를 말려 서 보관하면 다소 떨어지는 맛과 영양소를 고려하여 여러 양념과 함께 버무려 새로운 맛과 함께 저장 기간을 늘리고자 한 선조들의 지혜에서 비롯된 우리의 전통 음식이다.

새우 오징어 튀김과 토마토 소스

■ **재 료** (2인분)

주재료 : 칵테일 새우 100g, 오징어 1/2마리

부재료 : 밀가루 3큰술, 녹말가루 3큰술, 달
걀 1개, 카레가루 1큰술, 깻잎 3장, 튀김기
름 적당량

토마토 소스 : 토마토 1개, 양파 1/4개, 오
이 1/4개, 토마토케첩 2큰술, 올리브유 2큰
술, 레몬즙 1큰술, 핫소스 1큰술

1

2

3

● **만드는 법**

01 칵테일 새우는 끓는 물에 살짝 데친 후 식혀 굵게 다진다.

02 오징어는 소금으로 문질러 껍질을 벗긴 후 잘게 다진다.

03 토마토는 십자로 약간 깊게 칼집을 준 후 끓는 물에 소금을
약간 넣고 데쳐 찬물에 헹군 후 껍질을 벗겨 다져 놓는다.

04 양파와 오이도 얇게 썬 후 곱게 다지고, 깻잎은 돌돌 말아
길게 채썬 후 송송 썬다.

05 넓은 볼에 다진 새우와 오징어, 카레가루를 넣고 잘 섞어
향을 낸 다음, 분량의 밀가루와 녹말가루로 버무리고 달
걀물로 약간 되직하도록 농도를 조절하여 반죽한 후 송송
썬 깻잎을 넣고 고루 섞는다.

06 다진 토마토, 양파, 오이와 분량의 양념을 섞어 토마토
소스를 준비한다.

Note : 양파와 오이의 양은 토마토의 반 정도만 넣는다.

07 튀김기름의 온도가 적당해지면 준비한 반죽을 한 수저씩
떠 넣고 노릇하도록 튀겨낸 후 소스와 곁들여 낸다.

Note : 반죽을 떨어뜨려 온도를 꼭 확인한 후 반죽을 넣는다.

• 91

5

6

닭고기 떡꼬치 구이와 바비큐 소스

■ 재 료 (2인분)

주재료 : 닭안심살 200g, 가래떡 30cm
부재료 : 소금 · 후춧가루 · 간장 · 참기름 약간씩, 식용유 적당량, 구이용 꼬치 4개
바비큐 소스 : 버터 1큰술, 토마토케첩 1컵, 우스터 소스 2큰술, 핫소스 1큰술, 흑설탕 6큰술, 다진 마늘 2큰술, 사과식초 2큰술

● 만드는 법

01 닭안심살은 반을 갈라 포를 뜬 후 소금과 후춧가루를 뿌려 밑간을 한다.

02 가래떡은 딱딱하면 끓는 물에 살짝 데쳐 말랑하게 한 후 한입 크기로 잘라 간장과 참기름을 약간씩 넣고 양념해 둔다.

03 간이 밴 닭살은 달군 프라이팬에 식용유를 두르고 노릇하게 지진 후 약간 식혀 한입 크기로 잘라 준비한다.

Note : 닭살은 속까지 완전히 익혀 준다.

04 프라이팬을 달군 후 버터를 녹이고 다진 마늘을 넣어 볶다가 마늘 향이 돌면 나머지 소스 재료를 넣고 중불에서 한소끔 끓여 완성시킨다.

Note : 눌지 않도록 저어 주면서 끓인다. 기호에 따라 다진 땅콩이나 콩가루를 넣어도 고소한 맛이 난다.

05 꼬치에 닭살과 떡을 번갈아 가며 끼운다.

06 달군 프라이팬에 식용유를 약간만 두르고 꼬치를 넣어 앞뒤로 따끈하게 데운 후 바비큐 소스를 2번 정도 발라가며 구워 간이 고루 배이게 한 후 접시에 담아 낸다.

Note : 기름을 고루 두른 후 종이타월로 한번 닦아 내고 구우면 깨끗하게 구울 수 있다.

• 93

라면 지짐

■ **재 료** (2인분)

주재료 : 라면 1개, 슬라이스 햄 3장, 슬라이스 치즈 3장

부재료 : 깻잎(부추) 30g, 팽이버섯 1/2개, 달걀 3개, 녹말가루 2큰술, 소금·후춧가루 약간씩, 식용유 적당량

● 만드는 법

01 냄비의 물이 끓으면 라면을 넣고 너무 푹 익지 않도록 삶아 찬물에 헹궈 물기를 뺀 후 2~3cm 정도의 길이로 자른다.

Note : 보통 먹는 정도로 익히면 지져낸 후 라면의 쫄깃한 맛이 덜하다.

02 햄은 2cm 정도의 길이로 채썰고, 치즈는 말아서 동글게 썬다.

03 깻잎은 길이로 반을 갈라 햄과 같은 길이로 채썰고, 팽이버섯은 밑동을 자른 후 잘게 썬다.

Note : 깻잎은 맛과 향이 강한 야채이므로 많이 넣지 않는다.

04 넓은 볼에 달걀을 넣고 풀어 준 후, 준비한 라면, 햄, 깻잎, 팽이버섯과 녹말가루를 넣어 잘 섞어준 다음, 소금과 후춧가루로 간을 한다.

05 프라이팬을 달군 후 식용유를 두르고 준비한 반죽을 한 수저씩 얇게 떠넣고 치즈를 올린 다음, 노릇하게 지져 접시에 담아 낸다.

Note : 준비한 반죽을 남기면 물이 생기므로 한번에 다 부친다.

1

2

4

5

 쿠킹 포인트 [빈대떡의 유래]

서울 덕수궁 뒤쪽의 정동은 예전에는 빈대가 많아 빈대골로 불리었는데 그 빈대골에 사는 사람 중에는 부침개 장사꾼이 많았다고 한다. 그래서 이름이 빈대떡으로 되었다고 한다.

• 95

제육안심 야채볶음과 두반장 참깨 소스

■ **재 료** (2인분)

주재료 : 돼지고기 안심 300g, 양배추 1/4통, 부추 100g
부재료 : 소금·후춧가루 약간씩, 맛술 3 큰술, 식용유 적당량
두반장 참깨 소스 : 두반장 1작은술, 참깨 소스(p141 참조) 3큰술

● **만드는 법**

01 돼지고기 안심은 도톰하게 썰어 소금, 후춧가루, 맛술을 넣어 밑간을 한다.

02 양배추는 깨끗이 씻어 큼직큼직하게 썬다.
Note : 양배추를 통째로 썬 후 체에 밭쳐 씻어도 편리하다.

03 부추는 깔끔하게 다듬어 4cm 정도의 길이로 자른다.

04 프라이팬을 달군 후 식용유를 고루 두르고 간이 밴 돼지고기를 넣어 노릇하게 지져 익으면 꺼낸다.
Note : 고기를 오래 볶으면 질겨지므로 익으면 바로 꺼낸다.

05 프라이팬을 종이타월로 닦아 내고 기름을 살짝 두른 후 양배추에 소금을 약간 뿌려가며 재빨리 볶고 다시 돼지고기를 넣고 섞어 주듯이 볶다가 부추를 넣고 살짝 볶는다.

06 두반장과 참깨 소스를 잘 섞어 소스를 준비한 후 완성된 제육안심야채볶음과 곁들여 낸다.
Note : 소스는 기호에 맞게 양을 조절한다.

• 97

1

2

3

4

5

speed
cook

FRI

왠지 마음이 가벼운 기분 좋은 금요일

아침에는 영양을 살린 야채 찬밥전과 부추향이 일품인 부추 된장 찌개

점심에는 한그릇 뚝딱 힘이 솟는 양품 비빔밥과 개운한 오이 미역 냉국

저녁에는 토마토의 향 제육 스파게티 소스 구이와 싱그러운 애호박 부추전

술안주에는 넉넉한 돼지고기 야채 볶음 라면과 상큼한 과일 맛의 감자 햄말이

간식으로는 초간단 고영양의 참치 스테이크

손님에게는 부드러운 닭살의 극치인 치킨 커틀릿과 신선한 야채 소스

야채 찬밥전

■ **재 료** (2인분)

주재료 : 찬밥 2공기, 당근 1/4개, 양파 1/2개, 실파 3뿌리, 달걀 2개

부재료 : 소금 1큰술, 참기름 1큰술, 깨소금 1큰술, 녹말가루 1큰술, 김가루 약간, 식용유 적당량

● **만드는 법**

01 찬밥은 전자레인지에 데운 후 소금, 참기름, 깨소금을 넣고 살살 저어가며 양념한다.

02 당근은 얇게 썬 후 채썰어 곱게 다지고, 양파는 곱게 다져 물에 살짝 헹궈 매운맛을 없앤 후 물기를 뺀다.

Note : 곱게 다져야 프라이팬에서 익힐 때 삐져 나오지 않는다.

03 실파는 손질한 후 송송 썬다.

04 양념한 밥에 당근, 양파, 실파를 넣어 섞어준 후 달걀과 녹말가루를 넣고 고루 뒤적인다.

05 달군 프라이팬에 식용유를 두르고 준비한 밥을 한 수저씩 떠 넣은 후 김가루를 올려 앞뒤로 노릇노릇하게 지져 접시에 담아 낸다.

Note : 중불에서 익히다가 약불로 줄여 밥이 약간 눌도록 한다.

• 101

부추된장찌개

■ **재 료** (2인분)

주재료 : 된장 3큰술, 다시물 3컵, 감자 1개, 호박 1/4개, 두부 1/2모, 부추 50g, 멸치 10마리

부재료 : 매운 고추 2개, 대파 1/2뿌리, 다진 마늘 1작은술, 고춧가루 1/2큰술, 소금 약간, 맛술 1큰술

● **만드는 법**

01 감자는 껍질을 벗긴 후 반을 갈라 0.5cm 두께로 썰고, 호박도 반으로 갈라 감자 두께로 썬다.

02 두부는 사방 2cm 정도의 크기로 네모지게 자르고, 부추는 3cm 정도의 길이로 자른다.

03 매운 고추는 잘게 다지고, 대파는 어슷 썰어 준비한다.

04 뚝배기에 분량의 다시물을 담고 멸치를 넣은 후 끓어 오르면 10분 정도 약불에서 구수한 맛을 우려낸 후 체로 걸러 낸다.

Note : 다시물 대신 쌀뜨물을 사용해도 좋다.

1

05 끓고 있는 멸치 육수에 된장과 다진 매운 고추를 넣고 중불에서 3~5분 정도 끓인 후 감자와 호박을 넣고 익힌다.

06 감자와 호박이 투명하게 익으면 두부를 넣고 한소끔 끓인 후 고춧가루와 다진 마늘, 대파를 넣는다.

07 마지막으로 부추를 넣고 소금과 맛술을 넣어 마무리 간을 한 뒤 상에 낸다.

Note : 부추는 먹기 직전에 넣어 상에 낸다.

2

7

5

4

양푼비빔밥

■ **재 료** (2인분)

주재료: 찬밥 2공기, 열무김치(송송 썬 배추김치) 1공기, 호박 1/2개, 양파 1/2개, 당근 1/4개, 베이컨 2장, 달걀 1개, 김가루 1큰술, 식용유 적당량

비빔 양념 : 고추장 2큰술, 마요네즈 1작은술, 핫소스 1작은술, 설탕 1작은술, 다진 마늘 1작은술

김치 양념 : 맛술 1작은술, 설탕 1작은술, 참기름 · 깨소금 약간씩

● **만드는 법**

01 열무김치는 송송 썰어 물기를 짜 내고 분량의 양념을 넣어 조물조물 양념한다.

02 호박과 당근은 얇게 썬 후 가늘게 채썰고, 양파도 가늘게 채썰어 달군 프라이팬에 식용유를 약간만 두르고 각각 센 불에 재빨리 볶아낸 후 식힌다.

03 베이컨은 가늘게 채썬 후 달군 프라이팬에 기름을 두르지 않고 바싹 익혀 준비한다.

04 달걀은 풀어준 후 프라이팬을 달궈 식용유를 약간만 두른 후 젓가락으로 휘저어가며 익혀 준비한다.

05 분량의 양념 재료들을 섞어 비빔 양념을 준비한다.

06 양푼에 밥을 넓게 펴서 담은 후 준비한 재료들을 밥 위에 돌려 담고 달걀과 김가루를 올린다. 비빔 양념은 따로 담아 낸다.

• 105

 쿠킹 포인트 [비빔밥의 유래]

비빔밥은 농번기 때 들에서 그릇이 충분치 않으므로 한 그릇에 여러 가지 음식을 담아 섞어 먹는 데에서 시작되었다고 한다. 속 재료는 기호에 맞게 바꿀 수 있고, 영양 보충하면서 슥슥 비벼 먹으면 제격이다.

오이미역냉국

■ **재 료** (2인분)

주재료 : 오이 1/2개, 불린 미역 150g, 다
시물 6컵, 청고추 2개, 홍고추 1개
미역 양념 : 소금 1작은술, 국간장 1작은술,
다진 마늘 1작은술, 깨소금 1큰술
냉국물 양념 : 소금 2큰술, 설탕 4큰술, 식
초 6큰술

1

● **만드는 법**

01 오이는 깨끗이 씻어 얇고 납작하게 썬 후 가늘게 채썬다.

02 청고추와 홍고추는 반으로 갈라 씨를 빼낸 후 가늘게 어
슷 썬다.

03 불린 미역은 주물러 씻은 후 끓는 물에 소금을 넣고 살짝
데쳐 찬물에 헹군 후 2cm 정도의 길이로 짧게 자른다.

Note : 너무 오래 데치지 말고 미역이 파래지면 바로 건진다.

3

04 넓은 볼에 준비한 오이와 미역을 담고 분량의 미역 양념
을 넣어 조물거려 놓는다.

05 다시물 6컵에 간을 하여 분량의 양념을 넣고 냉국물을 만
든 후 차게 식힌다.

Note : 식초 대신 레몬즙을 사용하면 더욱 새콤한 냉국을 즐길 수 있다.

4

06 볼에 양념한 오이와 미역, 채썬 고추를 넣고 뒤적인 후 차
게 식힌 냉국물을 붓고 잘 섞어 그릇에 담아 얼음을 동동
띄워 낸다.

 쿠킹 포인트 [오이의 사용]
오이는 칼질을 하게 되면 아스코르비나제라는 효소가 나와 비타민 C를 손상시
킨다. 그러므로 비타민 C가 많은 무로 생채를 할 경우 오이와 함께 버무리는
것은 가급적 피하는 것이 좋다.

6

제육 스파게티 소스 구이

■ **재 료** (2인분)

주재료 : 돼지고기(등심) 200g, 스파게티 소스 1컵, 토마토 1개

부재료 : 소금 · 후춧가루 · 생강즙 약간씩, 버터 3큰술, 식용유 적당량

● **만드는 법**

01 돼지고기는 칼등으로 두드려 연하게 한 후 소금, 후춧가루와 생강즙을 뿌려 재운다.

Note : 레몬즙이 있으면 생강즙 대신 사용해도 좋다.

02 토마토는 윗부분에 십자로 칼집을 준 후 소금물에 살짝 데쳐 찬물에 헹군 다음, 껍질을 벗겨 굵게 다져 놓는다.

Note : 토마토를 끓는 물에 잠깐 담갔다 건지는 정도로 데친다.

03 달군 프라이팬에 버터를 녹인 후 다진 토마토를 넣고 볶다가 스파게티 소스를 넣고 한소끔 끓여 준다.

04 간이 밴 고기는 프라이팬에 식용유를 두른 후 앞뒤로 핏물이 약간만 배어나올 정도로 반 정도만 익힌다.

05 고기가 반 정도 익으면 준비한 소스를 넣고 끼얹어 주며 앞뒤로 충분히 익힌다.

06 소스가 고루 잘 배이게 익으면 먹기 좋은 크기로 자른 후 접시에 담아 낸다.

• 109

1

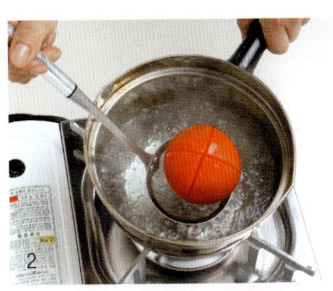

2

3

4

5

애호박 부추전

■ **재 료** (2인분)

주재료 : 애호박 1/2개, 부추 30g, 당근 1/4개

부재료 : 밀가루 1컵, 달걀 1개, 물 1/2컵, 소금 약간, 식용유 적당량

양념장 : 간장 1큰술, 다시물 1큰술, 식초 1큰술, 설탕 1/2작은술

● **만드는 법**

01 애호박은 깨끗이 씻은 후 0.5cm 정도의 두께로 동글하게 썬다.

Note : 애호박의 설컹거리는 맛이 싫으면 소금에 살짝 절여서 부친다.

02 부추는 깔끔하게 다듬어 씻은 후 송송 썰어 둔다.

03 당근은 얇게 썬 후 채썰어 곱게 다진다.

04 볼에 밀가루와 물을 넣고 잘 개어준 후 달걀을 넣어 섞어 주고 소금으로 간을 한다.

Note : 반죽은 수저로 떠 보았을 때 주르륵 흐르는 정도가 적당하다.

05 준비한 밀가루 반죽에 썰어 둔 부추와 당근을 넣어 다시 한번 섞어 주고, 애호박에는 밀가루를 고루 입힌다.

Note : 애호박에 밀가루를 입힌 후 살짝 털어 골고루 얇게 씌운다.

06 달군 프라이팬에 식용유를 두르고 밀가루 옷을 입힌 애호박에 반죽을 고루 묻혀 부친다.

07 중불에서 앞뒤로 노릇하게 지져낸 후 접시에 담아 양념장을 곁들여 낸다.

• 111

1

2

5

6

 술 안 주 메 뉴

돼지고기 야채볶음 라면

■ **재 료** (2인분)

주재료 : 라면사리 1개

돼지고기 밑간 : 청주(맛술) 1큰술, 소금 · 후춧가루 약간씩

부재료 : 돼지고기 200g, 양파 1/2개, 당근 1/4개, 대파 1/2뿌리, 마늘 2쪽, 물 1컵, 굴소스(간장) 1큰술, 물녹말 2큰술, 버터 1큰술, 식용유 적당량

● **만드는 법**

01 돼지고기는 굵게 채썰어 소금, 후추, 청주(맛술)를 넣고 밑간을 한다.

02 양파는 채썰고, 당근은 얇고 납작하게 썬 후 채썬다.

03 대파는 3cm 정도의 길이로 자른 후 채썰고, 마늘은 얇게 저민 후 채썬다.

04 냄비에 물이 끓으면 라면을 넣고 살짝 익힌 후 찬물에 헹궈 물기를 뺀다.

05 달구어진 프라이팬에 식용유를 두르고 채썬 파와 마늘을 넣고 볶아 향이 돌면 밑간한 돼지고기를 넣고 볶다가 당근과 양파를 넣고 더 볶는다.

Note : 파와 마늘을 먼저 볶다가 돼지고기를 넣고 볶으면 향이 더욱 좋다.

06 05의 재료가 익으면 분량의 물을 넣고 굴소스(간장)와 소금으로 간을 맞춘 후 물녹말을 넣어 농도를 맞춘다.

Note : 녹말물을 넣으면 맛도 더 구수해지고 음식이 빨리 식는 것도 막아 준다. 뜨거운 상태에서 수저로 떠 보아 주르륵 흐르는 정도가 알맞다.

07 또다른 프라이팬을 달궈 버터를 녹인 후 삶아 놓은 라면을 넣고 젓가락으로 살살 흔들어가며 볶아 준다.

08 볶은 라면을 그릇에 담고 준비한 소스를 먹음직스럽게 끼얹어 낸다.

• 113

1

2

4

6

7

감자 햄말이

■ **재 료** (2인분)

주재료 : 슬라이스 햄 10장, 감자 2개, 사과
1/4개, 슬라이스 파인애플 1쪽, 체리 4개
부재료 : 마요네즈 4큰술, 소금·설탕 1/3
작은술씩, 후춧가루 약간

● **만드는 법**

01 감자는 비닐봉지에 담아 구멍을 뚫고 전자레인지에 15~
20분 정도 두어 파실파실하게 삶은 후 뜨거울 때 분량의
마요네즈, 소금, 설탕, 후춧가루를 넣고 곱게 으깬다.

02 사과, 파인애플, 체리는 각각 곱게 다져 물기를 빼서 준
비한다.

03 슬라이스 햄은 약불에서 프라이팬에 기름을 두르지 않고
앞뒤로 살짝 지진다.

04 으깬 감자에 다져서 준비한 재료들을 넣고 잘 버무린다.

05 구운 햄 위에 감자속을 길게 올려 놓고 양옆으로 빠져나
오지 않도록 주의하면서 돌돌 만다.

06 한입 크기로 자른 후 접시에 보기 좋게 담아 낸다.

• **115**

 쿠킹 포인트 [감자]

감자가 함유하고 있는 비타민 C는 노
인 치매를 예방하는 효과가 있다. 또
위가 안 좋아 소화 불량이 자주 생길
때 생즙을 내어 꾸준히 먹으면 도움이
된다.

참치 스테이크

■ **재 료** (2인분)

주재료 : 통조림 참치 300g
부재료 : 양파 1/2개, 셀러리 50g, 브로콜리 50g, 방울토마토 5개, 달걀 노른자 2개, 빵가루 1/2컵, 다진 마늘 1작은술, 소금·후춧가루 약간씩, 스테이크 소스·버터 약간씩, 식용유 적당량

● **만드는 법**

01 참치는 체에 밭쳐 기름기를 뺀 후 잘게 부숴 둔다.

02 양파는 곱게 다지고, 셀러리는 단단한 심을 제거한 후 곱게 다진다.

03 브로콜리는 밑동을 잘라낸 후 송이송이 떼어 씻어 끓는 물에 소금을 넣고 데친 후 찬물에 헹궈 물기를 뺀 다음, 버터를 두른 프라이팬에서 살짝 볶아 둔다.

• 117

04 넓은 볼에 준비한 참치, 양파, 셀러리를 넣고 분량의 달걀, 빵가루, 다진 마늘을 넣고 소금과 후추로 간을 한 후 반죽을 한다.

Note : 반죽이 너무 질어지지 않도록 빵가루로 조절한다.

05 준비된 반죽을 둥글납작하게 빚어 식용유를 두른 달군 프라이팬에 올린 다음, 주걱으로 모양을 잡아가며 앞뒤로 노릇하게 지진다.

06 접시에 완성된 스테이크를 담고 볶아 놓은 브로콜리와 방울토마토를 곁들인 후 소스를 끼얹어 낸다.

치킨 커틀릿과 야채 소스

■ **재 료** (2인분)

주재료 : 닭가슴살 200g

부재료 : 양상추 2장, 빵가루 2컵, 밀가루 1컵, 달걀 2개, 소금 · 후춧가루 약간씩, 튀김기름 적당량

야채 소스 : 양파 1/4개, 셀러리 1줄기, 마요네즈 5큰술, 토마토케첩 2큰술, 칠리소스 1작은술, 꿀 1작은술, 사과식초 1작은술, 소금 · 후춧가루 약간씩

● **만드는 법**

01 닭가슴살은 얇게 포를 떠서 소금과 후춧가루를 뿌려 밑간을 한다.

02 양파는 곱게 다져 물에 한번 헹군 후 물기를 빼고, 셀러리는 가늘게 채썬 후 곱게 다진다.

03 볼에 다진 야채와 분량의 양념을 넣어 야채 소스를 준비한다.

04 간이 배인 닭살에 밀가루를 고루 입히고, 잘 푼 달걀물을 씌운 후 빵가루를 꼭꼭 눌러가며 입힌다.

Note : 빵가루가 너무 말라 있을 때 물이나 우유를 약간 넣어 촉촉하게 한 후 사용하면 튀겨낼 때 색이 너무 일찍 나는 것이 덜하다.

05 오목한 프라이팬에 식용유를 붓고 175~180℃ 정도가 되도록 달군 후 옷을 입힌 닭살을 넣고 노릇하고 바삭하게 튀긴다.

Note : 빵가루를 떨어뜨렸을 때 1~2초 후에 떠오르면 적당한 튀김 온도이다.

06 접시에 양상추를 깔고 완성된 치킨 커틀릿을 옮겨 담은 후 준비한 소스를 곁들여 낸다.

Note : 방울토마토나 오렌지와 같은 과일을 곁들여도 좋다.

• 119

1

2

3

5

4

speed
cook

SATU

에너지를 재충전하는 해피한 토요일

아침에는 개운한 **김치 알밥**과 언제나 친근한 **달걀 말이**

점심에는 후다닥 **두부 김치 볶음**과 모양도 좋은 **당근 카레전**

저녁에는 얼큰한 **돼지고기 단호박 얼큰찌개**와 잡채는 잡채인데 **햄감자 잡채**

술안주로는 담백한 **순대 볶음**과 베이컨과 계살로 만든 **오코노미야키**

간식으로는 맵지 않고 달콤한 **케첩 떡볶이**

손님 왔을 때 조금만 정성들이면 맛있는 **소고기 야채 튀김 말이**와 **참깨소스**

김치 알밥

■ **재 료** (2인분)
주재료 : 찬밥 2공기, 김치 1/4포기, 단무지 100g, 날치알 100g
부재료 : 실파 2뿌리, 보크라이스 1큰술, 참기름 1큰술, 버터 1큰술, 소금 약간, 청주 1/2컵, 무순 약간

● **만드는 법**

01 김치는 속을 털어내고 송송 썬 뒤 물기를 꼭 짜내어 달군 프라이팬에 버터를 녹인 후 달달 볶는다.

02 단무지는 채썰어 다지고, 날치알은 청주에 30분 정도 재운 후 면보를 깐 체에 밭여 물기를 뺀다.
Note : 청주에 날치알을 재워 두면 비린내도 제거되고 더욱 생생해진다.

03 실파는 송송 썰어 찬물에 한번 헹군 후 물기를 뺀다.

04 찬밥은 전자레인지에 살짝 데운 후 보크라이스를 넣고 잘 섞어준 뒤 약간의 소금간을 한다.

05 뚝배기를 달군 후 참기름을 고루 두른 뒤 버무린 밥을 넣고 따끈하게 데운다.

06 따끈해진 밥 위에 볶은 김치, 다진 단무지, 날치알을 올린 후 실파를 솔솔 뿌리고 무순을 올려 상에 낸다.
Note : 뚝배기가 없는 경우에는 달군 팬에 참기름을 두르고 보크라이스와 찬밥을 넣고 볶아준 후 그릇에 옮겨 담고, 나머지 준비된 재료를 올려서 먹는다.

• 123

달걀말이

■ **재 료** (2인분)

주재료 : 달걀 5개, 팽이버섯 1/2봉, 당근 1/4개, 양파 1/2개

부재료 : 토마토케첩 3큰술, 설탕 1큰술, 맛술 1큰술, 소금 · 후춧가루 약간씩, 식용유 적당량

1

● 만드는 법

01 팽이버섯은 밑동을 잘라낸 후 송송 썰고, 당근과 양파는 곱게 다진다.

02 볼에 달걀을 풀고 분량의 설탕, 맛술, 소금, 후춧가루를 넣고 잘 섞는다.

3

03 잘 푼 달걀물에 준비한 팽이버섯, 당근, 양파를 넣고 고루 잘 섞는다.

04 달군 프라이팬에 식용유를 고루 두른 후 여분의 식용유는 종이 타월로 닦아 낸다.

Note : 식용유를 처음부터 너무 많이 두르면 예쁘게 모양잡기가 어렵다.

05 프라이팬에 달걀물을 붓고 약불에서 서서히 익힌다.

06 밑면이 뒤집힐 정도로 익으면 뒤집개로 차곡차곡 접어 꼭꼭 눌러가며 모양을 내어 속까지 익힌다.

07 앞뒤로 노릇하게 지진 후 한김 식혀서 먹기 좋게 자른 후 토마토케첩을 곁들여서 담아 낸다.

Note : 한김 식혀서 자르면 더욱 깔끔하게 자를 수 있다.

4

7

6

쿠킹 포인트 **[달걀 보관]**

달걀의 표면에는 보이지 않는 많은 구멍들이 있는데 그곳을 통하여 산소 공급을 한다. 이 구멍이 뾰족한 부분보다는 둥근 쪽에 더 많으므로 둥근 부분을 위로하여 보관하는 것이 달걀의 신선도 유지에 도움이 된다.

두부 김치 볶음

■ **재 료** (2인분)
주재료 : 두부 1/2모, 김치 1/4포기
부재료 : 식용유 적당량
김치볶음 양념 : 설탕 1작은술, 참기름 1작
은술, 다진 파 1작은술, 다진 마늘 1/2작은
술, 맛술 1작은술, 소금 · 후춧가루 약간씩
두부 지짐물 : 달걀 1개, 녹말가루 2큰술,
우유 1큰술

● **만드는 법**

01 두부는 1cm 정도의 두께로 도톰하게 썰어 소금과 후춧가
루를 뿌려 밑간한 후 종이타월로 물기를 제거한다.

02 김치는 속을 털어낸 후 송송 썰어 물기를 꼭 짠다.

03 달군 프라이팬에 식용유를 약간만 두르고 송송 썬 김치를
넣고 달달 볶다가 다진 파와 마늘, 설탕을 넣고 한번 더
볶은 후 맛술과 참기름을 넣고 살짝 뒤적인 후 불에서 내
린다.

Note : 센불에서 빨리 볶아야 물이 생기지 않는다.

04 그릇에 달걀을 깨트려 넣고 분량의 녹말가루와 우유를 넣
어 잘 섞는다.

Note : 녹말가루를 넣어 주면 두부를 더욱 바삭하게 지질 수 있다.

05 달군 프라이팬에 식용유를 두르고 밑간한 두부에 준비한
달걀물을 입혀 노릇하고 바삭하게 지진다.

06 접시에 지진 두부와 볶은 김치를 올려 담아 낸다.

1

2

• 127

5

4

3

당근카레전

■ **재 료** (2인분)

주재료 : 당근 1/2개, 피망 1/2개, 양배추 5장, 카레가루 3큰술

부재료 : 밀가루 1컵, 달걀 2개, 다시물 1/2컵, 소금 약간, 식용유 적당량

1

● **만드는 법**

01 당근은 얇게 썬 후 가늘게 채썰고, 양배추는 한 장씩 뜯어 씻은 후 곱게 채썬다.

Note : 채를 너무 길게 썰면 부칠 때 불편하므로 짧게 썬다.

02 피망은 씨를 뺀 후 짧게 채썬다.

03 볼에 달걀을 깨트려 넣고 분량의 다시물과 카레가루를 넣어 잘 섞어준 후 소금으로 간을 한다.

04 준비한 물에 너무 되지지 않도록 농도를 조절하며 밀가루를 넣어 잘 섞어준 후, 채썰어 놓은 야채를 넣고 고루 버무린다.

05 달군 프라이팬에 식용유를 두르고 반죽을 한 수저씩 떠 넣은 후 중불에서 동글납작하게 앞뒤로 지진 다음, 접시에 담아 낸다.

3

4

• 129

5

 쿠킹 포인트 **[당근의 효능]**

당근에 함유되어 있는 비타민 A는 지용성 비타민이라 기름에 녹으므로 기름에 볶아먹는 것이 소화 흡수에 더욱 도움이 된다.

돼지고기 단호박 얼큰찌개

■ **재 료** (2인분)

주재료 : 돼지고기(목살, 삼겹살) 300g, 단호박 1/4개, 감자 1개, 매운 고추 3개, 대파 1뿌리, 두부 1/4모, 홍고추 1/2개, 다시물 5컵

부재료 : 고추장 3큰술, 고춧가루 1큰술, 소금 1/2큰술, 맛술 1큰술, 다진 마늘 2큰술

● **만드는 법**

01 돼지고기는 약간 도톰하게 한입 크기로 썰어 준비한다.

02 단호박은 껍질을 벗겨낸 후 1cm 정도의 두께로 굵직하고 네모지게 썰고, 감자는 손질 후 단호박과 비슷한 크기로 썰어 준비한다.

Note : 단호박이 없으면 애호박을 쓴다.

03 매운 고추와 홍고추, 대파는 굵게 어슷 썰고, 두부는 도톰하게 썰어 준비한다.

04 냄비에 다시물 5컵을 담고 분량의 고추장을 넣어 잘 풀어 준 후 한소끔 끓인다.

05 한소끔 끓은 찌개국물에 돼지고기를 넣고 끓이다가 준비한 단호박과 감자를 넣어 중불에서 잘 익도록 끓인다.

Note : 약불에서 오래 끓이는 것보다 중불에서 짧게 끓이는 것이 맛내기에 더욱 좋다.

06 찌개국물이 우러나면 두부와 다진 마늘, 대파, 고춧가루, 맛술을 넣은 후 소금으로 간을 한다.

Note : 너무 자주 뒤적이면 재료가 부서지므로 살짝 뒤적여 준다.

• 131

Dinner menu

햄감자잡채

■ **재 료** (2인분)

주재료 : 감자 2개, 햄 100g
부재료 : 양파 1/2개, 피망 1/2개, 설탕 1큰술, 참기름 1큰술, 다진 마늘 1/2큰술, 소금 · 후춧가루 약간씩, 식용유 적당량

● **만드는 법**

01 감자는 껍질을 벗긴 후 가늘게 채썰어 찬물에 한번 헹군 후 물기를 뺀다.

Note : 감자를 볶을 때 서로 달라붙는 것을 막으려면 물에 한번 헹구어 준다.

02 햄은 감자 두께로 채를 썰어 끓는 물에 살짝 데친 후 건져 둔다.

Note : 체에 밭쳐서 뜨거운 물을 끼얹어도 된다.

03 양파는 모양대로 가늘게 채썰고, 피망은 씨를 털어낸 후 모양대로 채썬다.

04 달군 프라이팬에 식용유를 두르고 준비한 감자, 햄, 양파, 피망을 각각 약간의 소금을 넣고 따로 볶는다.

Note : 기름이 너무 많으면 느끼하므로 볶은 후 종이타월로 프라이팬의 기름기를 제거한다.

05 넓은 볼에 따로따로 볶은 재료들을 섞고 마늘, 소금, 후춧가루, 설탕, 참기름으로 간을 하여 버무린 후 담아 낸다.

1

3

4

5

순대 볶음

■ **재 료** (2인분)

주재료 : 순대 400g, 양배추 1/4통, 양파 1개, 깻잎 20장, 대파 1/2뿌리, 청고추 2개, 홍고추 1/2개

볶음 양념 : 고추장 3큰술, 고춧가루 2큰술, 다진 마늘 2큰술, 설탕 1큰술, 물엿 1큰술, 참기름 1/2큰술, 소금·후춧가루 약간씩, 물 1컵

마무리 양념 : 들깨가루 5큰술

● **만드는 법**

01 순대는 식었으면 끓는 물에 살짝 데친 후 물기를 빼서 준비한다.

02 양배추는 한 장씩 떼어 흐르는 물에 씻은 후 2cm 정도의 두께로 채썰고, 양파도 굵직하게 썰어 준비한다.

03 깻잎은 양배추와 비슷한 크기로 썰어 훌훌 털어 놓고, 대파, 청고추, 홍고추는 굵게 어슷 썬다.

04 분량의 양념을 섞어 볶음 양념을 준비한다.

05 넓고 오목한 프라이팬을 달궈 기름을 살짝 두른 후 청고추와 홍고추를 넣고 볶다가 순대와 대파, 양배추를 넣고 마저 볶는다.

Note : 센불에 타지 않도록 주의하면서 빨리 볶는다.

06 재료가 고루 볶아지면 준비한 볶음 양념을 넣고 골고루 섞어 주면서 볶다가 마지막에 깻잎과 들깨가루를 넣고 살짝 뒤적여 준 후 접시에 담아 낸다.

Note : 기호에 따라 참기름을 곁들인다.

• 135

오코노미야키

■ **재 료** (4인분)

주재료 : 오징어 1/2마리, 맛살 50g, 베이컨 5장, 양배추 10장

부재료 : 달걀 2개, 밀가루 1과 1/2컵, 물 1컵, 소금 약간, 마요네즈 2큰술, 식용유 적당량

● **만드는 법**

01 오징어는 손에 소금을 묻혀 껍질을 벗겨낸 후 가늘게 채 썬다.

Note : 소금을 묻히면 껍질이 잘 벗겨진다.

02 맛살은 3cm 정도의 길이로 자른 후 잘게 찢어 놓고, 베이컨도 맛살과 같은 길이로 자른 다음 가늘게 채썬다.

03 양배추는 한 장씩 떼내어 씻은 후 짧고 가늘게 채썬다.

04 볼에 분량의 밀가루, 달걀, 물을 넣고 잘 섞은 다음, 채썬 오징어와 양배추를 넣고 고루 섞이도록 뒤적인 후 소금으로 간을 한다.

Note : 너무 오래 뒤적이면 물이 생기므로 주의한다.

05 달군 프라이팬에 식용유를 두르고 반죽을 얇게 한 국자 떠 넣은 후 준비한 맛살과 베이컨을 모양있게 올리고 그 위에 반죽을 살짝 끼얹는다.

Note : 반죽을 위에 살짝 끼얹어 주어야 뒤집을 때 재료들이 흩어지지 않는다. 달걀 노른자를 끼얹으면 모양이 더욱 좋다.

06 한쪽이 노릇하게 익으면 뒤집어서 마저 지져 낸다.

07 접시에 담은 후 마요네즈를 곁들여 낸다.

• 137

1

2

3

4

5

케첩떡볶이

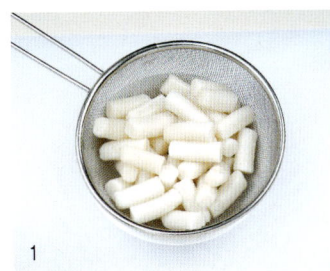

■ **재 료** (2인분)

주재료 : 떡 300g, 양파 1개, 당근 1/4개, 메추리알 10개

볶음 양념 : 토마토케첩 5큰술, 간장 1큰술, 맛술 1큰술, 칠리 소스 2큰술, 설탕 3큰술, 다진 마늘 1큰술, 다시물 1컵, 버터 1큰술

마무리 양념 : 소금 · 후춧가루 · 깨소금 · 참기름 약간씩

● **만드는 법**

01 떡은 끓는 물에 넣고 말랑해지도록 데친 후 찬물에 헹궈 물기를 뺀다.

02 양파는 반으로 갈라 가늘게 채썰고, 당근은 얇게 썬 후 가늘게 채썬다.

03 냄비에 메추리알이 잠길 정도의 물을 붓고 소금을 약간 넣어 삶은 후 찬물에 식혀 껍질을 벗긴다.

04 오목한 프라이팬을 달궈 버터를 녹인 후 토마토케첩을 넣고 신맛이 날아가도록 살짝 볶은 후 나머지 볶음 양념을 넣고 한소끔 끓인다.

05 양념이 끓으면 떡, 야채, 메추리알 순으로 넣고 국물이 자박하게 남을 정도로 조리듯이 볶는다.

Note : 너무 세게 뒤적이면 모양이 망가지므로 주의한다.

06 윤기나게 볶아지면 마무리 양념을 넣고 접시에 담아 낸다.

ㅋ킹 포인트 **[떡볶이의 유래]**
원래 떡볶이는 궁중에서 떡에 고기와 야채를 넣어 간장에 볶아 먹던 음식인데, 점차 서민에게 내려오면서 다양한 재료로 손쉽게 만들어 먹을 수 있도록 변하게 된 것이다.

• 139

Invitation menu

소고기 야채 튀김 말이와 참깨 소스

■ **재 료** (2인분)

주재료 : 소고기(얇게 썬 것) 300g, 당근 1/4개, 양파 1/2개, 양배추 1/4통, 깻잎 10장
부재료 : 찹쌀가루 1컵, 식용유 적당량
고기 양념 : 소금·후춧가루 약간씩
참깨 소스 : 간장 1큰술, 볶은 참깨 5큰술, 마늘 3쪽, 맛술 2큰술, 다시물 1/4컵, 꿀 1 큰술, 소금 약간

● **만드는 법**

01 소고기는 얇게 썰어 한입 크기로 준비한 후 소금과 후춧 가루를 뿌려 밑간을 한다.

02 당근은 얇게 썰어 가늘게 채썰고, 양파도 채썰어 준비한다.

03 양배추는 한 장씩 뜯어 씻은 후 채썰고, 깻잎도 채썬다.

04 분량의 소스 재료를 믹서에 넣고 곱게 갈아 참깨 소스를 준비한다.

05 간이 밴 소고기는 앞뒤로 찹쌀가루를 고루 입혀 달군 프 라이팬에 식용유를 넉넉히 두르고 튀기듯이 바싹 익힌다.

06 튀긴 소고기에 채썬 야채를 올려 돌돌 만 후 넓은 접시에 보기 좋게 옮겨 담은 다음, 참깨 소스를 곁들여 낸다.

1

2

6

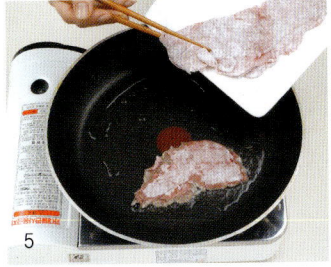

5

4

INDEX 찾아보기

10분 장보기로 요일별 밥상 차리기

2005년 1월 15일 1판1쇄
2008년 4월 10일 2판1쇄

저　자 : 유지선
펴낸이 : 남상호

펴낸곳 : 도서출판 **예신**
140-896 서울시 용산구 효창동 5-104
대표전화 : 704-4233, 팩스 : 715-3536
등록번호 : 제03-01365호(2002. 4. 18)

값 12,000원

http://www.yesin.co.kr
ISBN : 978-89-5649-060-1